区块链工程专业核心教材体系建设——建议使用时间

年级			
四年级上	网络与信息安全	大数据技术与应用 云计算	软件工程与项目管理 区块链综合实践	人工智能导论
三年级下	Go Web框架	区块链联盟链开发 分布式系统	区块链应用设计与开发 区块链安全 区块链测试	区块链系统开发
三年级上		虚拟化及容器技术	Web前端开发技术 Linux操作系统	计算机组成原理
二年级下	区块链平台搭建与运维	面向对象程序设计		计算机网络
二年级上	区块链技术原理			
一年级下	离散数学	程序设计基础		Go语言程序设计
一年级上	计算机科学与技术基础		数据结构	

| DApp开发 |
| 智能合约技术与开发 |

面向新工科专业建设计算机系列教材

区块链原理与技术

第 2 版

郑子彬　郑沛霖　陈嘉弛◎编著

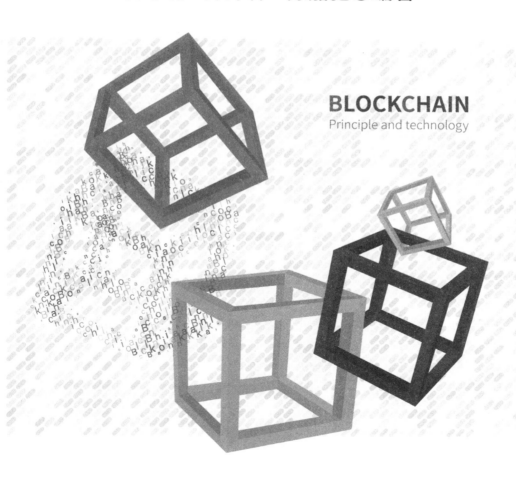

BLOCKCHAIN

Principle and technology

清华大学出版社

北京

内 容 简 介

本书以区块链 1.0 和区块链 2.0 中最具代表性的比特币和以太坊系统为切入点,讲述区块链系统关键技术。

本书首先介绍了比特币系统独特的地址和交易机制、脚本系统、区块数据结构、共识机制等关键概念;接着,对以太坊系统的账户模型、智能合约系统、交易设计机制,以及数据存储结构等做了深入介绍;然后,在此基础上进一步介绍了区块链技术所涉及的网络层和共识层相关理论、实践与研究前沿;最后,为提高读者的应用能力,基于以太坊平台和 Solidity 语言介绍了 DApp 的开发,并配套了教学实验平台,另外还探讨了多个区块链应用场景。

本书可作为高等院校区块链原理与技术等相关课程的教材,也可为相关开发人员、设计人员和自学者深入理解区块链技术的原理和价值提供参考。

图书在版编目(CIP)数据

区块链原理与技术/郑子彬,郑沛霖,陈嘉弛编著. —2 版. —北京:清华大学出版社,2023.7(2025.1重印)
面向新工科专业建设计算机系列教材
ISBN 978-7-302-63761-5

Ⅰ. ①区…　Ⅱ. ①郑… ②郑… ③陈…　Ⅲ. ①区块链技术—高等学校—教材　Ⅳ. ①TP311.135.9

中国国家版本馆 CIP 数据核字(2023)第 101702 号

责任编辑:白立军
封面设计:刘　乾
责任校对:韩天竹
责任印制:沈　露

出版发行:清华大学出版社
　　　　网　　　址:https://www.tup.com.cn,https://www.wqxuetang.com
　　　　地　　　址:北京清华大学学研大厦 A 座　　　　邮　　编:100084
　　　　社 总 机:010-83470000　　　　　　　　　　邮　　购:010-62786544
　　　　投稿与读者服务:010-62776969,c-service@tup.tsinghua.edu.cn
　　　　质量反馈:010-62772015,zhiliang@tup.tsinghua.edu.cn
　　　　课件下载:https://www.tup.com.cn,010-83470236
印 装 者:三河市铭诚印务有限公司
经　　　销:全国新华书店
开　　　本:185mm×260mm　　印　张:11　　插 页:1　　字　数:247 千字
版　　　次:2021 年 3 月第 1 版　　2023 年 9 月第 2 版　　印　次:2025 年 1 月第 3 次印刷
定　　　价:49.00 元

产品编号:099166-01

出版说明

一、系列教材背景

　　人类已经进入智能时代，云计算、大数据、物联网、人工智能、机器人、量子计算等是这个时代最重要的技术热点。为了适应和满足时代发展对人才培养的需要，2017 年 2 月以来，教育部积极推进新工科建设，先后形成了"复旦共识""天大行动""北京指南"，并发布了《教育部高等教育司关于开展新工科研究与实践的通知》《教育部办公厅关于推荐新工科研究与实践项目的通知》，全力探索形成领跑全球工程教育的中国模式、中国经验，助力高等教育强国建设。新工科有两个内涵：一是新的工科专业；二是传统工科专业的新需求。新工科建设将促进一批新专业的发展，这批新专业有的是依托于现有计算机类专业派生、扩展而成的，有的是多个专业有机整合而成的。由计算机类专业派生、扩展形成的新工科专业有计算机科学与技术、软件工程、网络工程、物联网工程、信息管理与信息系统、数据科学与大数据技术等。由计算机类学科交叉融合形成的新工科专业有网络空间安全、人工智能、机器人工程、数字媒体技术、智能科学与技术等。

　　在新工科建设的"九个一批"中，明确提出"建设一批体现产业和技术最新发展的新课程""建设一批产业急需的新兴工科专业"。新课程和新专业的持续建设，都需要以适应新工科教育的教材作为支撑。由于各个专业之间的课程相互交叉，但是又不能相互包含，所以在选题方向上，既考虑由计算机类专业派生、扩展形成的新工科专业的选题，又考虑由计算机类专业交叉融合形成的新工科专业的选题，特别是网络空间安全专业、智能科学与技术专业的选题。基于此，清华大学出版社计划出版"面向新工科专业建设计算机系列教材"。

二、教材定位

　　教材使用对象为"211 工程"高校或同等水平及以上高校计算机类专业及相关专业学生。

三、教材编写原则

(1) 借鉴 *Computer Science Curricula* 2013(以下简称 CS2013)。CS2013 的核心知识领域包括算法与复杂度、体系结构与组织、计算科学、离散结构、图形学与可视化、人机交互、信息保障与安全、信息管理、智能系统、网络与通信、操作系统、基于平台的开发、并行与分布式计算、程序设计语言、软件开发基础、软件工程、系统基础、社会问题与专业实践等内容。

(2) 处理好理论与技能培养的关系,注重理论与实践相结合,加强对学生思维方式的训练和计算思维的培养。计算机专业学生能力的培养特别强调理论学习、计算思维培养和实践训练。本系列教材以"重视理论,加强计算思维培养,突出案例和实践应用"为主要目标。

(3) 为便于教学,在纸质教材的基础上,融合多种形式的教学辅助材料。每本教材可以有主教材、教师用书、习题解答、实验指导等。特别是在数字资源建设方面,可以结合当前出版融合的趋势,做好立体化教材建设,可考虑加上微课、微视频、二维码、MOOC 等扩展资源。

四、教材特点

1. 满足新工科专业建设的需要

系列教材涵盖计算机科学与技术、软件工程、物联网工程、数据科学与大数据技术、网络空间安全、人工智能等专业的课程。

2. 案例体现传统工科专业的新需求

编写时,以案例驱动,任务引导,特别是有一些新应用场景的案例。

3. 循序渐进,内容全面

讲解基础知识和实用案例时,由简单到复杂,循序渐进,系统讲解。

4. 资源丰富,立体化建设

除了教学课件外,还可以提供教学大纲、教学计划、微视频等扩展资源,以方便教学。

五、优先出版

1. 精品课程配套教材

主要包括国家级或省级的精品课程和精品资源共享课的配套教材。

2. 传统优秀改版教材

对于已经出版、得到市场认可的优秀教材，由于新技术的发展，计划给图书配上新的教学形式、教学资源的改版教材。

3. 前沿技术与热点教材

反映计算机前沿和当前热点的相关教材，例如云计算、大数据、人工智能、物联网、网络空间安全等方面的教材。

六、联系方式

联系人：白立军
联系电话：010-83470179
联系和投稿邮箱：bailj@tup.tsinghua.edu.cn

"面向新工科专业建设计算机系列教材"编委会
2019 年 6 月

面向新工科专业建设计算机系列教材编委会

FOREWORD

前言

近年来,区块链技术作为一项新兴技术引起了世界各国的广泛关注。著名的信息技术分析公司 Gartner 连续四年(2017—2020)将区块链列入全球十大战略科技。2016 年 12 月,国务院印发的《"十三五"国家信息化规划》就鼓励针对区块链等战略性前沿技术提前布局。2019 年 10 月 24 日,中共中央政治局就区块链技术发展现状和趋势进行第十八次集体学习,强调要把区块链作为核心技术自主创新重要突破口,加快推动区块链技术和产业创新发展。由此可见,区块链技术具有广阔的应用前景,与大数据、人工智能等技术一样,是开启未来智能化时代的重要技术力量。

然而,与区块链技术的火热局面形成鲜明对比的是公众对区块链技术的理解还停留在相对初步的水平。到底什么是区块链技术?为什么它有这么大的价值?它和比特币有什么关系?作者认为,要回答这些问题,必须深入区块链技术的核心,了解它的原理和采用的技术。也只有这样,才能深刻地理解为什么有人认为区块链技术创造了一种全新的信任模式——对机器的信任。诚然,当前市面上已经有不少优秀的关于区块链的书籍,它们从科普和开发两个不同的维度对区块链技术的历史、意义和技术做了相当翔实的介绍,与其他书不同,本书主要从原理和适合教学的角度进行介绍。

本书写作的目的是希望提供一本兼顾深度与广度、理论与应用的适合高等院校学生和有志于深入理解区块链技术的社会人员的区块链入门级教材。本书自第 1 版从 2021 年 3 月出版以来,得到了广大读者的喜爱,这次改版,重写了第 6 章,并在每章后面增加了课后习题。全书共 7 章。第 1 章主要介绍区块链技术的概念、发展历史与现状,使读者初步了解区块链的相关知识。第 2 章和第 3 章从具体案例入手,由浅入深地介绍比特币和以太坊两个典型的区块链系统。在此基础上,第 4 章和第 5 章分别介绍了区块链通用的网络层和共识层的相关理论与技术。第 6 章以以太坊为例,介绍了智能合约的开发,并在第 7 章中探讨了联盟链及几个典型的区块链应用场景。

2018 年下学期(秋季),中山大学面向本科生开设了"区块链原理与技术"课程。在教学过程中,作者深刻地认识到区块链技术的价值,以及一本合适教材的重要性。为方便教学和普及区块链知识,作者编写了本书。在编写过程中,实验室研究生陈序、郑伟林、刘洁利、崔嘉辉、刘俊君、郑柏川、刘金扬、席睿等搜集整理了大量素材;李晓丽、林丹、李盾、丁溪珺、钟志杰、黄康睿、曾峥、陈锴、朱建忠、叶铭熙、余广坝、虞蕴湄、付齐双、曹懿月等同学为教材的整理付出了大量的劳动;实验室陈武辉老师、黄华威老师、黄袁老师在教材的专业性方面提出了许多改进的建议,在此对他们的付出表示感谢。

区块链是一项新兴技术,作者深知要编写一本合适的教材并非易事,但本书的完成终于让我们迈出了可迭代的重要一步。然而,限于时间和水平,书中难免有疏漏之处,还望读者批评指正。

郑子彬

于广州·中山大学

2023 年 7 月

CONTENTS

目录

第1章

概　　述

　　区块链(Blockchain)技术,自从在比特币(Bitcoin①)白皮书《比特币:一种点对点电子货币系统②[1](*Bitcoin:A Peer-to-Peer Electronic Cash System*)》一文中被化名为中本聪(Satoshi Nakamoto,也称中本哲史)的作者提出以来,就受到许多关注且备受争议。有些人认为区块链是继蒸汽机、电力、互联网之后的颠覆性技术发明,将彻底改变整个人类社会价值传递的方式,甚至带来新一轮的科技革命;而有些反对者则认为比特币乃至区块链是一个骗局,或是对其未来充满担忧。

　　近年来,随着比特币、以太坊(Ethereum)等加密货币的火热,区块链技术在全球范围内得到越来越多的关注。2019年10月24日,中共中央政治局就区块链技术发展现状和趋势进行第十八次集体学习,此后,区块链技术更是吸引了举国上下的目光。区块链技术目前已经应用于多个领域,如金融、物流、食品安全等。尽管不少人对比特币等加密货币的未来发展仍然充满疑虑,但大多数技术专家非常认可区块链技术的未来,认为其理念的推广与应用最终会超越加密货币,成为时代的热点和前沿技术。

　　但是,普通大众对于区块链的认知,与其火热的应用、受到广泛的关注度和蓬勃的发展相比,尚停留在很简单的层面。人们对于区块链的认识往往是局限于加密数字货币,或者认为区域链是一项远离日常生活的高新技术。总体来说,区块链技术建立了新的信任机制,允许各网络节点之间在没有权威节点的去中心化情况下达成可信共识,是一项从思想到技术的重大飞跃。当前,开展区块链教学,是推广和普及区块链技术的重要举措。为此,本书尝试从技术角度,详细地剖析区块链的架构和技术细节,以期为区块链技术的教学提供一定的参考。

---

① https://bitcoin.org/。
② 采用 https://bitcoin.org 中文版白皮书的翻译。

◇ 1.1　什么是区块链技术

中本聪在《比特币:一种点对点电子货币系统》一文中,并未给出"区块链"的具体定义,只是提出了一种基于哈希证明的链式区块结构,即称为区块链的数据结构。"区块链"一词也是来源于此,其中"区块"(Block)一词指代一个包含了数据的基本结构单元(块),而链(Chain)则代表了由区块产生的哈希链表。

从狭义上来说,根据工业和信息化部2016年发布的《中国区块链技术和应用发展白皮书》所述,区块链技术是一种按照时间顺序将数据区块以顺序相连的方式组合成链式数据结构,并以密码学方式保证不可篡改和不可伪造的分布式账本技术。从广义来说,区块链技术是利用块链式数据结构来验证与存储数据、利用分布式节点共识算法来生成和更新数据、利用密码学方式保证数据传输和访问的安全、利用由自动化脚本代码组成的智能合约来编程和操作数据的一种全新的分布式基础架构与计算范式。一般认为,区块链技术是伴随着以"比特币"为首的加密货币出现的一项新兴技术,是一种以密码学算法为基础的点对点分布式账本技术,是分布式存储、点对点传输、共识机制、加密算法等计算机技术的新型应用模式。

区块链技术作为一项创新型技术,不仅成功应用于加密货币领域,在经济、金融和社会各领域中也存在着广泛的应用场景。区块链技术首次从技术上解决了中心化模型带来的信任问题,它利用密码学算法保证价值的安全转移,利用哈希链及时间戳机制保证数据的可追溯、不可篡改特性,利用共识算法保证节点间区块数据的一致性。区块链技术以其分布式、公开透明、安全等特性使得人们可以基于互联网方便快捷、低成本地进行价值交换,是实现价值互联网的基石。它可以在互不信任的环境中实现去信任中介的可信交易。与传统数据库技术相比,区块链技术具有防伪造、不可篡改,以及能方便地实现智能合约等特点,被誉为一种具有引发社会变革潜力的新型技术。

常见的区块链包括三个基本要素,即交易(Transaction,一次操作,导致账本状态的一次改变)、区块(Block,记录一段时间内发生的交易和状态结果,是对当前账本状态的一次共识)和链(Chain,由一个个区块按照发生顺序串联而成,是整个区块链状态变化的日志记录)。区块链中每个区块保存规定时间段内的数据记录(即交易),并通过密码学的方式构建一条安全可信的链条,形成一个不可篡改、全员共有的分布式账本。通俗地说,区块链是一个收录所有历史交易的账本,不同节点各持一份,节点间通过共识算法确保所有人的账本最终趋于一致。区块链中的每一个区块就是账本的每一页,记录了一个批次的交易条目。这样一来,所有交易的细节都被记录在一个任何节点都可以看得到的公开账本上,如果想要修改一个已经记录的交易,需要所有持有账本的节点同时修改。同时,由于区块链账本里面的每一页都记录了上一页的一个摘要信息,如果修改了某一页的账本(也就是篡改了某一个区块),其摘要就会跟下一页上记录的摘要不匹配,这时候就要连带修改下一页的内容,这就进一步导致了下一页的摘要与下下页的记录不匹配。如此循环,一个交易的篡改会导致后续所有区块摘要的修改,考虑到还要让所有人承认这些改变,这将是一个工作量巨大到近乎不可能完成的工作。从这个角度来看,区块链具有不可篡改的特性。

1.1.1　比特币与区块链的诞生

想要了解区块链,就要先说比特币。然而在比特币之前,还有许多加密货币的先驱。

1983 年,数字货币先驱 David Chaum 在论文 *Blind Signatures for Untraceable Payments* 中提出了基于盲签名技术的e-Cash 数字货币系统,该系统能够保持用户匿名并且难以被追踪。该系统曾经被短暂应用于部分银行的小额支付中,但由于当时信用卡体系的快速崛起和本身技术的缺陷,该系统很快走向了衰败。1996 年,肿瘤学家 Douglas Jackson 和律师 Barry Downey 发明了 e-gold,该电子货币通过金银作为担保,用户能够完成瞬时转账等操作,这些特点使得它一下子吸引了众多用户。截至 2009 年,e-gold 平台上有超过 500 万名用户,但由于后来被犯罪团伙用于洗黑钱、敲诈勒索,以及遭到黑客的攻击,它走向了退市。1997 年,密码学家 Adam Back 发明了 Hashcash 系统用于限制垃圾邮件和 DoS 攻击,该系统提出了工作量证明机制来获取额度,而该机制也为后来的数字货币技术所采用。1998 年,计算机工程师戴伟提出了 B-money,和过去的数字货币不同,这是首个完全不依赖于中心机构的匿名数字货币方案。该方案引入了工作量证明机制来解决如何发行数字货币这个问题,并且有一个初步的 P2P 网络结构来完成对交易信息的广播。然而 B-money 没有解决货币的"双花"以及如何维护账本安全的问题,最终该方案也未能实现。后来还有如 WebMoney[①]、Liberty Reserve[②]、Perfect Money[③] 等数字货币的尝试,但也未能成功。这些数字货币的问题部分在于中心化的节点一旦被突破,整个信用体系将会无法维持;而基于点对点网络和工作量证明机制的数字货币方案,则难以维持整个系统的安全和稳定。比特币的设计从这些"前辈"们身上吸取了许多经验。

2008 年 10 月 31 日,中本聪在 metzdowd.com 网站的密码学邮件列表中发表了比特币白皮书,开启了比特币与区块链的传奇。论文中描述了如何通过点对点网络实现一种基于密码学原理而不是基于信用的电子支付系统,使得达成交易一致的双方能够直接进行支付,不需要第三方中介参与。2009 年 1 月,这个美好的构想——比特币网络正式上线,中本聪通过比特币的客户端软件对第一个区块(创始区块)进行了挖矿,并获得了人类史上的首批 50 个比特币。2010 年,在比特币论坛 bitcointalk 上,一名用户介绍了使用 10 000 个比特币购买了一块价值 25 美元比萨的过程。这是比特币的首次交易,也意味着比特币第一次拥有了交换价值。经过十余年的发展,比特币的价格几经起伏,从最低

---

① 　WebMoney—Universal Payment System。

② 　Liberty Reserve 于 2013 年 5 月被查处关闭。

③ 　Perfect Money 是新一代在线付款系统,这是一种汇款系统。

0.0025 美元升到超过 6 万美元。

随着比特币网络的不断发展壮大,比特币背后的区块链技术给全球带来了新一轮的技术热潮。

1.1.2　比特币与区块链

很多人对于区块链的认识是从比特币开始的,然而也往往止步于"比特币"这一认知的范畴,甚至把区块链与比特币完全等同。诚然,比特币是区块链中最为成功、最为出名的应用。然而,比特币不是区块链的全部,区块链也不仅仅只有比特币。比特币是区块链的第一个典型应用,而区块链是比特币系统的底层技术。

事实上,"区块链"这个技术名词的诞生,相较于比特币要更晚一些,但是区块链的核心概念、结构、原理和分析等大量内容都在中本聪的设想中被提及。因此,人们一般将区块链技术的历史追溯到比特币诞生之时。随着时间的推移,比特币的名声逐渐响亮,人们从比特币的系统与结构中,把负责分布式账本安全性的块状哈希链表结构、共识方法等技术总结起来,并在此基础上不断发展,最终形成了以这种块状哈希链表结构命名的技术——区块链技术。

1. 区块链是比特币的底层技术,是比特币的核心与基础架构

作为一个没有权威第三方中心节点的点对点系统,比特币是怎么做到所有参与者能够承认系统里面发生的交易的呢? 中本聪对此设计了两个主要的措施——区块链结构与挖矿。这两个措施包含区块链系统的重要概念。

通过区块链的哈希链式结构,比特币可以做到很强的抗篡改能力,从而取得所有参与者的信任。对于一个已经完成的账本链表来说,历史记录的变动总是影响后续的全部,这种特性是哈希链表和消息摘要算法带来的。然而即使对于历史记录的修改会导致后续所有信息的修改,这种修改的成本仍然是很低的。目前,一台配置稍高的家用计算机进行哈希计算的速度可以到达百万次每秒,甚至是十亿次每秒的级别,在数分钟内甚至数秒内当前比特币的所有区块的哈希值都可以被计算出来。这意味着进行数据修改的门槛非常低,系统的安全性得不到保障。

为了提高门槛,比特币规定了计算得到的区块哈希值必须达到规定的要求,这一要求被称为难度,求解出符合要求的随机数的过程被称为"挖矿"。这样一来,虽然每个人都有权利进行账本的修改,但不是随便哪个人都能成功修改账本。同时,由于篡改的过程需要对后续区块逐个重新计算哈希值,越久的记录后面链接的区块越多,越难修改,这种修改的难度是随时间呈指数级上升的。

当然,比特币系统还有许多其他的设计,包括账户、交易等模型的设计。但是,可以看到,整个比特币系统的核心安全问题,是通过区块链技术来有效解决的。

2. 区块链不仅仅是比特币

区块链本质上是一种去中心化的数字账本,除了比特币等加密货币上的应用,它也可以用于记录其他具有价值而不希望被篡改的信息。相比于传统货币体系,加密货币的体量依然微不足道,但它所带来的新的信任方式、去中心化的财富转移模式,可能对以主权信用作为依据的传统货币体系造成巨大冲击。在加密货币以外,资本市场上的区块链应用正在蓬勃发展,覆盖了支付与汇款、衍生品交易、金融服务、征信管理、数字资产管理、网络安全、审计、供应链金融、物联网等许多领域。

区块链是比特币等加密货币的支撑技术,它和比特币的关系类似于技术与产品的关系;区块链结构的应用早已超出了数字货币,甚至可以扩展到任何类型的数字交易方式。区块链的意义,不仅仅在于它可以开发虚拟的数字货币,还可以将其运用到很多日常工作、生活相关的领域。现在,结算、供应链金融、产品溯源、信息存证认证等领域,都将大量的目光放在区块链这一门新兴的技术之上,期待区块链技术能够有效地解决原有行业中信任、安全等多种问题。

1.1.3　区块链的特点

比特币吸收了前人的数字货币的经验,站在巨人的肩膀上,是一个具有实践意义的安全、可靠的去中心化数字货币。分析比特币系统,可以看到区块链技术有许多独特之处。

1. 去中心化

在中本聪的设计中,每一枚比特币的产生都独立于权威中心机构,任意个人、组织都可以参与到每次挖矿、交易、验证中,成为庞大的比特币网络中的一部分。区块链网络通常由数量众多的节点组成,根据需求不同会由一部分节点或者全部节点承担账本数据维护工作,少量节点的离线或者功能丧失并不会影响整体系统的运行。在区块链中,各个节点和矿工遵守一套基于密码算法的记账交易规则,通过分布式存储和算力,共同维护全网的数据,避免了传统中心化机构对数据进行管理带来的高成本、易欺诈、缺乏透明、滥用权限等问题。普通用户之间的交易也不需要第三方机构介入,直接点对点进行交易互动即可。

2. 透明性

相较于用户匿名性,比特币和区块链系统的交易和历史都是透明的。由于在区块链中,账本分发到整个网络所有参与者,账本的校对、历史信息等对于账本的持有者而言,都是透明的、公开的。

3. 不可篡改性

比特币的每次交易都会记录在区块链上,不同于由中心机构主宰的交易模式。中心机构可以自行修改任意用户的交易信息,而比特币账本很难被篡改。

4. 多方共识

区块链作为一个多方参与维护的分布式账本系统,需要参与方约定数据校验、写入和冲突解决的规则,这被称为共识算法。比特币当前采用的是工作量证明算法(PoW),应用于联盟链领域(区块链的分类可参考 1.1.5 节)的共识算法则更加灵活多样,贴近业务需求本身。

1.1.4　智能合约与世界计算机

提起区块链技术,另一个不得不提的便是智能合约。"智能合约"概念的提出要远远早于区块链,最早是由计算机科学家、密码学专家 Nick Szabo 提出的[2]。在 Nick Szabo 的设想中,将原本现实世界中的合约、契约等概念引入数字领域中,可以约束参与数字金融各方的行为,使得违反规定者受到一定的惩罚。智能合约在传统技术中的实现过程往往伴随着许多风险,如何强制合约的参与者履约,如何对违约的参与者进行惩罚,都是不确定的过程,往往需要现实世界的辅助力量。

在以太坊作者 Vitalik Buterin 的创意中,通过区块链技术,人们可以很好地实现智能合约的这些约束条件,而不用依赖于外部力量。智能合约的概念也逐渐向区块链上运行的计算机程序这一种理解转变。通过在区块链系统中引入智能合约和编程逻辑,人们可以将自定义的执行逻辑放置到区块链上运行,而不只是简单的交易转账。而且,由于区块链的特性,链上的计算机程序会伴随着区块被分发到以太坊系统中的各个参与者的手上。这样一来,整个以太坊系统便是一个随着系统运行永不停歇的智能合约分布式平台,可以看成是一台去中心化的计算机。Vitalik Buterin 将其称为世界计算机(World Computer)。

可以说,智能合约和以太坊的出现是区块链技术发展的一个里程碑事件。伴随着智能合约的到来,区块链系统的应用更加丰富,其实用性也进入了一个新的阶段。可以自定义程序功能的智能合约使得区块链系统的功能更加强大,也更加灵活。博彩、游戏、代币等各种基于智能合约的应用犹如雨后春笋般不断涌现。至此,智能合约越发成为区块链系统中不可或缺的重要组成部分。它给区块链系统的使用者一定的自由发挥空间来实现使用者想要自定义的部分特殊功能,也使得区块链系统真正成为一个基础的底层架构。

1.1.5　区块链的分类

根据区块链访问权限的开放程度,可以把区块链分类为公有区块链(Public Blockchain)、私有区块链(Private Blockchain)、联盟区块链(Consortium Blockchain)。简单来说,公有区块链对所有人开放,任何人都可以参与;联盟区块链对特定的组织、团体开放;私有区块链对单独的个人或实体开放。另一种分类方法为,根据节点准入许可,分为许可区块链(Permissioned Blockchain)和无须许可区块链(Permissionless Blockchain)。

在公有区块链(简称公链)中,链上的节点向全世界每一个人开放,任何人都可以在自己的设备上运行公共节点,验证区块链网络中的交易,参与到共识的过程中,确认当前加入链上的区块以及当前区块链的状态。任何用户也可以向链上发起交易,查看链上的任意数据。目前,比较有名的公链项目包括比特币、以太坊等。虽然公链是一种完全去中心化机制的区块链,降低了传统中心化机制下的运维成本,但目前公链在可拓展性上仍存在较大的挑战。

与公链对应的是私有区块链(简称私链),私链中对链上数据的读写权限由单一的组织来控制,可选择性地开放给特定群体。尽管私链的去中心化程度最低,但是私链交易速度更快,交易费用更低,对数据的访问权限控制得更好,也能很好地保障数据的隐私。目前,私链主要应用于一些私人企业中的数据管理、审计场景中。

处于上述两种区块链之间的是联盟区块链。联盟区块链由一些特定机构作为节点参与到区块链的共识过程中,用户对链上数据的读写权限由这些节点控制。联盟区块链拥有较快的交易速度、良好的可拓展性和保护隐私的权限控制,目前多应用于机构之间的合作场景,例如市场机构进行记账,而普通用户则不参与到记账中。

公有区块链、联盟区块链、私有区块链的开放程度依次递减,公有区块链开放程度最高、最公平,但是速度慢、效率低;联盟区块链和私有区块链效率高,但是削弱了去中心化的属性,更加侧重的是区块链技术对于数据维护的安全性。区块链种类对比参见表1.1。

表 1.1　区块链种类对比

项　　目	公有区块链	联盟区块链	私有区块链
控制者	所有参与者	特定的联盟成员	链所有者
去中心化程度	强去中心化	弱去中心化、多中心化	无
交易吞吐量	小于 100 笔/秒	最高约 100 000 笔/秒	由配置决定
可修改性	几乎不可篡改	较难被篡改	可被篡改
共识机制	PoW、PoS、DPoS 等	PBFT、Raft 等	无特定算法
代表项目	比特币、以太坊、EOSIO[①] 等	Hyperledger Fabric、企业以太坊等	无特定项目

◇ 1.2　区块链技术的现状

区块链技术的发展虽然面临了不少的瓶颈和挑战,但是仍然呈现出整体向上的趋势,社会各行各业对于区块链技术保持着积极的态度,在应用上已经初具规模。同时,学界、

---

①　EOSIO—Blockchain software architecture。

业界和政府都对于区块链技术的发展给予了十分密切的关注。

1.2.1　区块链的应用

除了开发者独自开发的私链以外,公有链、联盟区块链都有较为成熟的平台应用。公有链中较为有名的两个平台便是前面提到的区块链技术历程的两个重要里程碑——比特币和以太坊。

作为加密数字资产的代表币种,比特币采用了以哈希算法为主的密码技术来控制生产和转移,通过工作量证明算法控制比特币产生的速度。随着比特币网络的运行,通过"挖矿"所得的比特币数量将逐步减少,最终全网的比特币总数将接近 2100 万个。用户通过比特币客户端进行转账交易,客户端中保存着用户的私钥,作为最重要的凭证。虽然目前比特币网络吸引了全球的目光,但比特币中每个区块大小为 1MB,最多只能记载 2000 多笔交易,每 10min 打包一次交易的现状制约着其进一步地应用。比特币的交易速度为 3～7 笔/秒,和 VISA 峰值的 24 000 笔/秒相差悬殊。因此,目前比特币网络无法在短时间内处理大量的交易,极其容易导致网络堵塞和交易手续费虚高。作为数字货币的一次伟大尝试,比特币取得了很多前所未有的成就,但它同样是一个未成熟的系统,频繁波动的价格、工作量证明带来的算力浪费等问题依然未得到解决。

以太坊白皮书由当时年仅 19 岁的 Vitalik Buterin 发布,白皮书中提到了关于以太币的设想。2014 年,以太币的算法和协议正式落地,同时以太坊项目募集到了 1.5 亿美元。2015 年,以太坊系统完成。作为支撑目前市值第二高的数字货币系统,以太坊在数字货币之外更是一个基于区块链技术的平台与智能合约系统。以太坊提供了一个图灵完备的智能合约平台,基于以太坊可以构建不同的区块链应用,以及发行新的数字货币。作为以太坊最具代表性的技术,智能合约是由事件驱动的、具有状态的、存储和运行在区块链平台上的程序,是能够实现主动或被动地处理数据,接收、存储和发送状态、价值,以及控制和管理各类链上智能资产等功能的程序化规则和逻辑。用户通过支付一定量的以太币便能够使以太坊上的智能合约保持运行,并且合约内容是公开的,任意用户可以查看链上的合约。以太坊的吞吐量大概为 10～20 笔/秒交易,仍然不能满足大部分应用场景的需要。从诞生至今,以太坊已经经历了数次分叉,第一次分叉调整了挖矿的难度,第二次分叉发布了一个稳定的版本,第三次分叉为了应对黑客的攻击,第四次分叉给以太坊减重和防 DDoS 攻击,等等。以太坊的诞生除了带来了新的共识机制——基于权益的证明外,同时带来了智能合约平台,这给金融、数字资产等领域带来新的发展希望。

除了比特币和以太坊这两个主要的成功应用以外,区块链还有许多其他的应用领域。"联盟区块链"这一概念的诞生,更是将区块链与加密数字货币完全剥离。2015 年 12 月,Linux 基金会启动了 Hyperledger 项目,旨在推动行业的区块链技术发展,目前该项目中包含了金融、银行、物联网、供应链、制造等行业的巨头。在 Hyperledger 的众多项目中,Hyperledger Fabric 是一个提供了一个分布式账本解决方案的平台,具有良好的保密性、可伸缩性、灵活性以及可拓展性,是一个发展较为完备的联盟区块链平台。与其他的区块链平台最大的不同在于,Hyperledger Fabric 能够控制系统中每个用户的权限,通过建立通道(channel),允许不同的参与者在不同的应用场景下控制账本的公开程度。此外,Hyperledger Fabric 能够允许网络的构建者根据具体的业务场景选择不同的共识机制,包括 SOLO、Kafka、SBFT 等。

如图 1.1 所示,区块链的良好特性和智能合约平台带来的灵活性,使得各行各业都在探索区块链技术在自己领域的应用。由于区块链技术具有多方互信、可靠、抗篡改等优良特性,区块链技术被应用于需要多方合作、数据互信、数据安全等多种要求的场景中,如金融行业、供应链、物联网等。此外,由于区块链本身的抗篡改能力和公开性,因此还被用于如信息存证、司法存证、政务公开等领域。

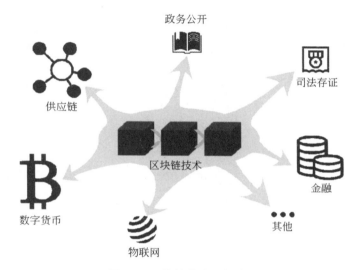

图 1.1 区块链的应用领域

在实际应用领域,《2018 中国区块链产业白皮书》显示,截至 2018 年 3 月底,我国以区块链为主营业务的区块链公司数量已经达到了 456 家,产业初步形成规模。国内从 2016 年起,以招商银行、民生银行为代表的传统金融机构和金融科技企业开始探索区块链技术的金融应用场景。

1.2.2 区块链的挑战

Gartner 公司是一个全球知名的 IT 研究与顾问咨询公司,每年 Gartner 都会将当前各种新兴科技的发展阶段及要达到成熟所需时间绘制在一条曲线上,称为 Gartner 技术成熟度曲线(Gartner The Hyper Cycle)。技术成熟度曲线可以分为促动期、顶峰期、低谷期、光明期和高原期五个阶段。在促动期的技术,都是刚刚诞生的或者尚处于概念之中的新技术,不具可用性;在顶峰期的技术,都是处于技术初步成形、激进公司开始跟进、媒体开始大量宣传的技术,有最高的知名度;随着技术发展,技术本身的局限性和缺点逐渐暴露,大众兴趣衰减,大部分的尝试者被市场淘汰,这时进入了低谷期;在光明期的技术,都是在不断发展和探索之后,优缺点和细节越来越清晰,得到的理解和认同逐渐增多,成功的模式出现;最后,一项技术得到了标准化,进入了稳定应用的高原期,在业界中对于技术有了一致的评价。

如图 1.2 所示,在 2018 年的 Gartner 技术成熟度曲线中[①],区块链技术越过了期望过高的顶峰期,开始进入暂时的低谷期。这说明公众和业界对于区块链技术的不足和缺点的认识越来越深刻,更多的问题在实际生产的环境中暴露出来。只有当区块链本身的这些先天不足得到了解决,区块链技术的广泛应用、融入日常生活才能成为可能。

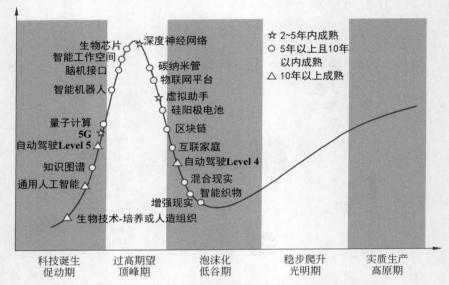

图 1.2　Gartner 公司 2018 年度发布的技术成熟度曲线(部分)

区块链技术的发展尚处于初始阶段,区块链技术存在许多急需解决的挑战。主要的挑战如下。

1. 技术层面

虽然区块链技术主要基于密码学与分布式系统这两个相对成熟的技术,但就其本身而言,依然存在许多技术上的问题,概括起来包括以下几方面。

(1)效率问题。以比特币为例,为了保障加密数字货币交易的可靠性,在比特币交易系统中采取了牺牲效率而换取可靠性的策略,平均每秒仅可处理 7 笔左右的交易,这样的效率显然难以满足日常的支付场景,大量的交易被迫等待排队处理,造成了交易的堵塞。即使是通过降低去中心化要求的联盟链,其实用的交易吞吐量也仅仅能够满足一些初级的性能要求。对于超高交易吞吐量需求的场景,目前的区块链效率仍然有待突破。

---

① Gartner 公司公开的 2018 年度五大重要科技领域的技术成熟度曲线。

（2）共识机制问题。共识机制,是指在区块链的众多节点中,各节点之间如何能够达成一致,保障全网的有效运行。现有的共识机制很难兼顾安全性与效率的问题,并且部分共识机制存在逻辑漏洞,威胁区块链的正常运行。另外,许多共识机制都是以大量的哈希计算为基础的,导致了计算资源的浪费。

（3）数据冗余问题。由于每个节点都存储了区块链的完整信息,且该信息不断地增加,产生了大量冗余数据,这将直接挑战现有的存储能力。

（4）安全问题。目前,智能合约尚处于初始阶段,所使用的编程语言存在诸多问题,合约难免会产生许多漏洞,这就导致了大量针对这些漏洞的攻击,使得用户的财产和信息安全受到严重威胁。其中,比较著名的事件为 The DAO 事件,损失高达 6000 万美元。

2. 法律层面

去中心化的区块链虽然在一定程度上方便了人们日常的生活,但同时也不可避免地带来一系列的法律问题,主要包括以下三方面。

（1）匿名化问题。用户匿名化的特性,使得难以对以比特币为代表的加密货币进行有效的监管和追踪,导致许多不法分子能够利用加密货币进行非法交易;加密货币还能够轻松地绕开外汇管制,严重威胁了各个国家现有的外汇管理制度,威胁国家的经济基础。

（2）欺诈问题。由于目前社会对于区块链的认知程度相对较低,加上数字货币市场的疯狂炒作,导致普通民众对于区块链的投资热情空前高涨,这也给许多欺诈行为提供了基础。例如庞氏骗局:部分区块链项目假借一个根本不存在的项目承诺给予投资人高额的回报,吸引大家的投资,并以后面投资人的投资支撑对之前投资人的高额返利作为回报骗取投资。

（3）冲击铸币权。随着比特币的热度持续走高,类似的加密货币或代币不断出现,甚至出现了以这些加密货币取代国家发行的现有法定货币的声音。虽然,这些加密货币在某些方面存在优势,但法定货币关乎国家的经济、民生及政权的稳定,盲目的更改势必会导致社会的动荡,造成难以弥补的损失。

1.2.3　区块链技术的发展环境

区块链领域的探索在国外起步较早,获得了许多国家层面与基金会的资金和技术支持,取得了不少的学术成果与实际应用成果,整体水平较高。

以美国为例,美国国土安全部、美国国家标准与技术研究院和美国国家科学基金会(NSF)等政府或非政府组织都对许多区块链的研究项目提供了大量的资金与技术支持,并在能源、金融等多个领域部署了区块链的实际应用。目前,在美国至少有八个州正在制定有关区块链的立法。作为世界上最大的证券交易所之一——纳斯达克使用区块链技术来完成和记录私人证券交易,并得到了包括伦敦股票交易所、香港证券交易所等全球多个证券交易所的响应。同时,美国桑迪亚国家实验室受美国政府支持正在开发一种新工具,意图实现比特币的去匿名化管理。许多美国的大学,如斯坦福大学、普林斯顿大学、加州大学伯克利分校和麻省理工学院等高校都开设了区块链相关课程,并建立实验室对该技术进行研究。其中,麻省理工学院宣布了一项试点计划,将采用区块链技术签发毕业证书。

22个欧洲国家已签署建立区块链合作伙伴关系的声明,共同确保欧洲处于开发和部署分布式账本技术的最前沿。该声明是欧洲理事会呼吁欧洲委员会(European Commission,EC)提出区块链应用方案的结果。它旨在使区块链技术"在欧洲蓬勃发展",并为在整个数字市场上推出欧洲联盟(Unioneur Opéenne,EU 欧盟)区块链应用铺平道路。欧洲中央银行(简称欧洲央行)曾于 2017 年表示,将采取不限制区块链创新技术的主张,并对区块链展开研究。

亚洲在区块链技术的研究与应用上也不甘落后。柬埔寨、印度尼西亚等国基于区块链技术构建了相应的支付系统、小额信贷交易与可持续供应链等项目。作为经济和科技中心的东亚,日本与韩国在该领域上的政策更为激进。在不少国家对加密货币采取反对态度的情况下,日本承认了比特币的合法地位,并允许国内的部分交易以比特币的方式进行。日本金融服务管理局开发了一种区块链推动的平台,使得日本客户能够在多家银行和金融机构之间即时共享个人信息。韩国区块链企业 Bangco 与 SNK 就共同研究区块链游戏技术展开合作,通过 BangcoChain 开展区块链服务。韩国高丽大学区块链研究所与韩国网际网络软件研发公司 Tobesoft 签署了业务协约,未来将共同研发、推动新一代区块链平台。

与国外相比,中国区块链技术具有前所未有的良好发展环境。在研究与教育上,国内清华大学、北京大学、浙江大学、中山大学等知名高校纷纷开设区块链相关课程,注重培养区块链技术人才,并且成立区块链研究中心和实验室开展相关的研究工作,专利与论文数量均取得不俗的成绩。在政策上,国务院印发的《"十三五"国家信息化规划》将区块链等相关技术列入强化超前布局的战略性前沿技术。各地政府也纷纷鼓励区块链产业,并出台区块链产业扶持政策。例如杭州开建全国首个区块链产业园,将区块链写入政府工作报告,并成立了全国首个百亿元规模的区块链创新基金。广州市黄埔区、广州开发区率先出台了区块链产业扶持政策——"区块链 10 条",加快抢占区块链产业发展高地。2019年 10 月 24 日,中共中央政治局就区块链技术发展现状和趋势进行第十八次集体学习,更是将区块链技术的发展环境推向新的高度。

◈ 1.3 本书的内容

随着对区块链技术研究和应用的深入,区块链技术在不断地升级与发展。当前基本形成了以 P2P 网络、分布式系统、密码学、共识机制为主,多种改良技术为辅的区块链技术体系。随着区块链技术创新发展,区块链技术体系会愈发完善。为了使读者尽早建立对区块链技术的直观印象和理解,我们首先以较浅显的语言介绍了比特币和以太坊为两个典型的区块链平台,在此基础上,再介绍区块链网络,共识机制等更深的内容,最后是介绍智能合约的开发和区块链技术的应用。具体来说：

第 2 章重点介绍比特币的一些基础知识，包括哈希算法、非对称加密等密码学知识以及交易、UTXO 模型等；在此基础上，介绍比特币的脚本系统、公私钥地址生成，以及区块结构、共识机制等。

第 3 章围绕以太坊的核心技术展开，在介绍以太坊及其架构原理的基础上，重点介绍了以太坊的账户、交易以及数据结构与存储。

第 4 章主要介绍区块链网络层的设计原理，包括 P2P 网络、常用区块链系统的网络层设计（包括比特币、以太坊）及网络层上存在的一些安全问题。

第 5 章主要介绍区块链共识层的设计原理，包括分布式系统的相关理论知识、常见共识算法（例如拜占庭容错算法、工作量证明等）的设计原理及近几年来出现的新共识算法。

第 6 章在介绍智能合约基本概念的基础上，重点介绍 Solidity 语言和 DApp 开发入门等内容，并介绍了本书配套 Solidity 教学实验平台 Solidity OJ 的使用。

第 7 章主要介绍区块链应用，在简单介绍联盟链平台的基础上，介绍多个应用案例，包括区块链在供应链金融、票据流通、司法存证、资产交易、物流溯源等领域的应用。

◆ 1.4　课　后　题

一、选择题

1. 比特币第一个区块诞生的时间是(　　)年。
   A. 2008 　　　　　 B. 2009 　　　　　 C. 2010 　　　　　 D. 2011

2. 需要授权才能加入的是(　　)。
   A. 联盟链 　　　　 B. 公有链 　　　　 C. 主链 　　　　　 D. 分片链

3. 区块链的特征不包括(　　)。
   A. 去中心化 　　　 B. 匿名性 　　　　 C. 不可追溯 　　　 D. 不可篡改

4. 比特币的创始人是(　　)。
   A. Vitalik Buterin 　　　　　　　　　 B. ByteMaster
   C. Satoshi Nakamoto 　　　　　　　　 D. 李笑来

5. 以下属于去中心化系统的是(　　)。
   A. 支付宝支付系统 　　　　　　　　　 B. 微信支付系统
   C. 银行支付系统 　　　　　　　　　　 D. 以太坊系统

6. 区块链的类型可分为(　　)。
   A. 私有链、公有链、联盟链 　　　　　 B. 私有链、公有链、混合链
   C. 私有链、公有链、企业链 　　　　　 D. 私有云、企业链、混合链

7. 关于区块链的分类，以下说法错误的是(　　)。
   A. 根据区块链权限访问的开放程度，可以把区块链分为公有链、企业链、私有链

B. 根据节点的准入许可,可以把区块链分类为许可链和无许可链

C. 公有链、联盟链、私有链的开放程度依次递减

D. 以太坊和比特币都是公有链

8. 以下名词最早提出的是(　　　)。

A. 比特币　　　　B. 区块链　　　　C. 智能合约　　　　D. 以太坊

9. 一般而言,区块链的基本元素不包括(　　　)。

A. 区块　　　　B. 交易　　　　C. 链　　　　D. 收据

10. 一般来说,区块链运用的底层技术不包含(　　　)。

A. P2P 网络　　　B. 密码学　　　　C. 共识算法　　　　D. 机器学习

二、简答题

1. 简要解释区块链的三大要素,即交易、区块和链的含义。

2. 区块链可以分为哪几类? 各有什么特点和用途?

3. 区块链有哪些特点?

4. 区块链和比特币是什么关系?

5. 现有中心化系统的弊端是什么? 举例说明。

比 特 币

本章将对比特币进行更深入的介绍,首先简单介绍比特币和一些基础知识,然后从比特币的交易、脚本系统、公私密钥与地址、区块与链、共识机制等方面进行详细介绍。

◇ 2.1 比特币简介

2008 年 10 月 31 日,中本聪关于比特币的奠基性论文——《比特币:一种点对点的电子货币系统》介绍了一种基于密码学原理和对等网络的分布式电子支付系统。2009 年 1 月,中本聪实现了比特币系统的最初版本,对比特币创世区块进行挖矿,世界上首批 50 个比特币由此诞生。在之后的几年里,比特币及其底层的区块链技术引起了越来越多人的关注,并逐渐走向大众视野。

比特币的诞生从真正意义上宣告了加密数字货币的诞生。相对于传统的货币,比特币是虚拟的,由用户通过网络进行交易。同时,不同于电子货币,比特币的交易是匿名的,无须经过身份验证,交易经由网络节点验证后被记录到一个公开透明的分布式账本里面,并且一经写入,无法篡改。可以说,比特币的出现很好地为货币系统实现去中心化、隐私保护、提供可靠服务给出了一套完整的解决方案。由于比特币的优良特性,其迅速成为金融市场的宠儿,历经十年的发展,每个比特币的价格由最初近似为零发展到超过 6 万美元。

在另一种意义上,比特币的诞生引入了更具价值的区块链技术。作为实现比特币系统的底层技术,区块链不仅可以用于开发一个分布式去中心化的加密货币系统,更让人们看到了其在商业应用场景中解决安全和信任问题的潜力。目前,区块链技术已被广泛应用于供应链金融、智能物流、物联网等领域。

◇ 2.2 基 础 知 识

2.2.1 哈希算法

哈希(Hash)算法也称散列算法,可以将任意长度的明文字符串映射成比较短的二进制串,且不同的明文串映射后的值几乎没有冲突。例如,将字符串

"hello,world"通过常见的 MD5 哈希算法进行计算后可以得到哈希值:"3CB95CFBE1035BCE8C448FCAF80FE7D9"。

哈希值又称为指纹或者摘要,因为它足够验证文件的完整性与正确性。例如,对"hello,world"稍加修改,使之变成"hello world",那么经过 MD5 算法,哈希算法的计算得到的结果就会变成"5EB63BBBE01EEED093CB22BB8F5ACDC3",与原先的摘要值截然不同。这是哈希函数的一个重要特性——如果哈希函数的输入是不同的,那么得到的哈希值输出在绝大多数情况下也是不同的。然而,由于哈希函数的输入和输出不可能是一一对应的关系,那么必然存在着不同的输入有着相同的哈希值的情况——这种现象称为哈希碰撞,也称为哈希冲突。在哈希冲突的情况下,不同输入的哈希会产生相同的哈希值。

常见的 Hash 算法有 MD5 算法和 SHA 算法。

MD 是 Message Digest 的缩写,其中 MD4 由 MIT 的 Ronald L. Rivest 于 1990 年提出,现已被证明不安全。MD5 是 Rivest 在 1991 年提出的,但后续也被证明会产生 Hash 冲突,即会有不同的明文的 Hash 值是重复的,这足够说明该算法并不安全,所以现在人们日常的哈希过程并不会采用 MD5 算法。

SHA(Secure Hash Algorithm)是一个 Hash 算法系列,SHA1 算法在 1995 年由美国国家安全局(National Security Agency, NSA)提出,随后 SHA2 系列的 SHA224、SHA256、SHA384 和 SHA512 算法也陆续被 NSA 公布出来,到目前为止,MD5 算法与 SHA1 算法已经被破解,被证明不再安全,在使用这类哈希算法时最起码要采用 SHA2-256 或者其他更安全的算法。

在区块链应用中,比特币采用了 SHA2 族的 SHA2-256 算法,通常也简称为 SHA256 算法。比特币在挖矿和生成地址的时候都采用了 SHA256 算法。而以太坊采用了 SHA3 哈希函数族的来源——keccak 族的 keccak256 算法。

上述的相关哈希函数本身是一种单射函数,所以哈希的整个过程并不可逆,如果需要对明文数据进行隐藏和保密,则需要使用加解密算法。

2.2.2 非对称加密

加解密系统一般会包含加解密算法、加密密钥、解密密钥三个部件。其中,加密算法是公开的,而加密密钥则需要保护起来。加密的时候利用加密算法和加密密钥,对明文进行加密,得到密文;解密的时候则利用解密算法和解密密钥对密文进行解密,得到明文。

根据加密密钥跟解密密钥是否相同,可以把加解密算法分为对称加密算法和非对称加密算法两种。

对称加密算法就好比一把锁,大家用着同样一把钥匙,可以加密也可以解密。对称加密算法中,加密密钥跟解密密钥是一样的,该算法的优点是计算速度快,且占用空间小,效率高,加密强度也高,但缺点是加解密双方要提前共享密钥,在这个共享的过程中存在泄露密钥的风险,如何在不安全的环境下分享密钥也是一个研究的热点。

对称加密算法常用的是分组密码,即将明文切割为定长的数据块,并把每个数据块作为加密的基本单位,常见的该类算法有 DES、AES 和 IDEA 等。

非对称密码体系则像是一个有着两把锁头的两头箱子,一把钥匙各开一把锁。非对称加密算法中,加密密钥跟解密密钥是不相同的,分别称为公钥和私钥,公钥是公开的,一般根据私钥产生,私钥则由私人保护并持有,需要通过一定的算法来生成。非对称加密算法的优点是无须提前共享密钥,在不安全的环境下也可以使用,缺点是速度慢,加密的强度不如对称算法高,虽然无须提前共享密钥,但也存在中间人攻击的可能。非对称加密算法一般由数学的经典难题来保障其安全,如椭圆曲线,以及大数的质因子分解等,常见的算法有 RSA、SM2、椭圆曲线等。但是随着量子计算的到来,普遍认为 RSA 类算法将会被破解。因此,更推荐椭圆曲线类算法。

除了上述两种加解密算法,还有一种算法称为混合加密。混合加密结合了对称加密算法跟非对称加密算法的优点,可以实现更高效的加密通信。例如,一种常见的做法是通信双方使用非对称密钥进行协商,共同确定一个临时的对称密钥。这一个临时的对称密钥是随机的,并且只有协商的双方才知道。之后,在这个通信的过程中,双方便可以使用这个临时的对称密钥进行对称加密的通信。通信完毕,这个一次性的临时对称密钥便被舍弃。这样一来便可以在对称加密的效率和非对称加密的密钥安全分发之间做出一定的权衡。

2.2.3　数字签名

数字签名(Digital Signature,又称公钥数字签名)是基于公钥加密技术实现的鉴别数字信息完整性的算法。经过数字签名的数据信息的完整性通过签名得到保障,通过数学原理可以保证被签名的数字信息的完整性和不可抵赖性。在许多区块链系统中,交易的合法性通过数字签名技术来保证。

数字签名有两个重要步骤——签名和验证。其中,签名的密钥是不能够公开的,而验证的密钥只有必需的验证方可知。通常来说,验证方都是公开的,这也意味着数字签名的验证方法及验证的密钥是公开的。如果采用了对称加密的方法,这样的要求将导致密钥被公开给验证方,这是不可行的。非对称加密可以很好地解决这个问题,签名方只需要通过私钥加密信息,验证方可以利用公钥进行解密。

然而,如果直接对原有数据进行加密,这个过程的开销是十分巨大的。对此,通常采用了对原本信息的哈希值进行加密的方式来进行签名。对于一个消息 M 和其哈希摘要 D,签名者通过自身的私钥 K_p 生成对应的签名 $S = F(D, K_p)$,那么验证者便可以通过公钥 K 解密 S 得到接收到的消息 M' 的摘要 $D' = F'(S, K)$,通过消息 M' 产生的摘要 D' 与 D 的对比可以验证消息 M 的完整性和正确性。在哈希函数介绍中我们知道,哈希的过程是具有抗篡改能力的,如果接收到的消息 M' 被第三方篡改过了,那么得到的哈希值很难再次对应(除非产生了碰撞)。同样,如果验证者已经接收到了签名 S,那么签名者也不能够再次修改数字信息,这体现了数字签名的不可抵赖性。

　　如图 2.1 所示,对于检验方而言,通过检查数字签名 S 解密得到的摘要 D 和接收到的消息 M' 的摘要 D' 是否相同,便可以确定消息 M 的完整性和正确性。即使 M 被微小地修改为了 M',根据哈希函数的特点,得到的摘要 D' 也会完全不同。当然,签名的实际流程更为复杂,而且可能不包含加解密的过程,但都是通过接收到消息 M 的摘要 D、公钥 K,以及相对应的签名 S 来进行比对和验算。

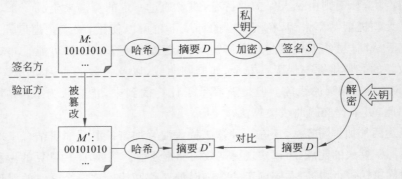

图 2.1　简单的数字签名和检验流程

2.2.4　主网与测试网

　　对于比特币系统来说,一定数量的比特币节点互相承认便可以构成一个比特币的网络,对于比特币来说,可以有许多不会互相联通的比特币网络。主网(Mainnet)便是人为规定的一个特定的比特币网络,在这个主网上流通的比特币才具有一定的经济价值,而人们通常所说的一个用户持有的比特币、比特币网络的市值等概念,默认情况下都是相对于主网而言的。它是比特币的主要网络,也是最多人参与和交易的网络,基本上代表了比特币系统,所以称为主网。

　　与主网相对的还有一个特殊的概念,称为测试网(Testnet),它同样也是人为规定的一个独立的比特币网络。由于比特币主网上交易的发布一般都需要对应的手续费和比特币,如果在开发和测试客户端、测试特定交易脚本等工作时,使用主网会产生很多不必要的开支。同时,新特性的支持也不可能直接在未经测试的情况下直接加入比特币的主网,往往需要在测试网上进行测试。为此,比特币客户端专门制定了一个用于测试的比特币网络,这便是测试网。在测试网上获取到的比特币只能在测试网内使用,一般不具有实际的经济价值,也相对容易获取。同时,由于测试网是特殊指定的比特币网络,往往有相对较多的节点和参与者,相对于本地的私链更能够模拟主网的环境。

　　除了主网和测试网以外,比特币客户端还另外制定了一个用于本地私有的测试网,称为 Rogtest。Rogtest 通常只有本地节点,其余性质与测试网类似,可以用作本地测试。

◈ 2.3 交　易

账户(Account)是区块链系统中数字货币的所有者,也称为地址(Address)。账户之间货币的转移通过交易(Transaction)来实现,也就是人们通常说的"转账"。在区块链的系统中,账户系统有 UTXO(Unspent Transaction Output)和账户状态转移两种经典模型,分别以比特币和以太坊为主要代表。针对这两种不同的账户模型结构,交易的结构是不同的。本章先介绍比特币的交易结构,以太坊的交易结构在第 3 章介绍。

2.3.1 交易简介

在比特币中,用户账户的余额通过 UTXO 来表示,为了方便理解,暂时先不介绍UTXO,先从如何进行一次比特币的交易开始。

比特币的交易类似于现实生活中的借据交易。例如图 2.2,Alice 分两次每次借给了别人 2 元,那么就有了两个 2 元的借据,债权所有人都是 Alice。现在,Alice 希望把这个债权分别转让给 Bob 和 Cathy,那么她可以通过公证的形式,将借据的所有人变更为 Bob 和 Cathy。公证结束后,Alice 原有的两个借据作废失效,而 Bob 和 Cathy 分别获得了一个 1 元的借据和一个 3 元的借据。

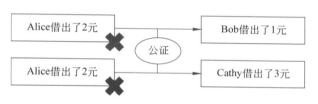

图 2.2　借据转交

在这个过程中,借据上的借款数额虽然是可以继续划分的,但是借据本身是一个不可划分的整体,而比特币的交易也是类似的,交易主要分为输入和输出两部分。交易的输入表示了交易的比特币从哪里来,交易的输出则体现了交易中的这些比特币在交易结束后往哪里去。虽然交易中的比特币数值可以继续划分为很小的单位,但是交易的输入和输出本身都是单一的整体,不可划分。

如图 2.3,假设现在 Alice 要向 Bob 进行转账 1BTC(Bitcoin),那么她必须使用一个交易来完成这个转账动作。首先,Alice 会将她所拥有的 1BTC 放到交易的输入中,再将这个交易的输出标记为 Bob 所有。那么,执行完这一交易之后,Alice 就失去了放入输入的这 1BTC 的所有权,而 Bob 得到了这个交易输出的 BTC 的所有权。在这个过程中,比特币系统中的所有参与者共同充当了公证人的角色,而密码学的原理充当了原本借据上具有法律效力的印章和签名。

图 2.3　Alice 向 Bob 转账

2.3.2　输出

　　在这个过程中,输出用来表示这笔交易的比特币去向。在上面的 Alice 向 Bob 的转账中,交易的输出表明了交易中的1BTC 最终由 Bob 持有。在比特币的交易体系中,一个交易可以同时具备多个输出,如图 2.4 中,Alice 可以利用一个交易同时向 Bob 和 Cathy 分别发送 0.5BTC。

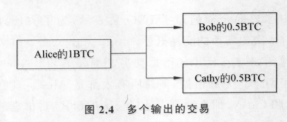

图 2.4　多个输出的交易

　　为了证明转账后的结果,交易的一个输出包含了输出的比特币数量和输出的比特币的所有者两个主要部分。如图 2.5 所示,前者在比特币中通过一个 64 位的整数来记录,单位是比特币系统中的最小货币单位聪(Satoshi),大小为一亿分之一—(1/100 000 000)个比特币。后者使用了比特币的脚本系统来实现,这里可以简单理解输出的脚本就是对这个输出的比特币进行上锁,只有 Bob 才有解开它的钥匙。更为详细的输出结构格式可以参考表 2.1,其中 scriptPubKey 的有关细节将会在脚本系统中进行介绍。

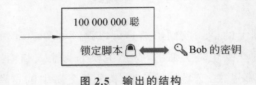

图 2.5　输出的结构

表 2.1　比特币交易输出结构

数据项	类　　型	大小/B	描　　述
nValue	64 位无符号整型	8	输出中的比特币数量,单位:聪
scriptPubKey	变长无符号整型	1~9	解锁输出脚本长度
	字节串	不定	用于锁定的脚本,能够解锁脚本才使用这个输出

2.3.3　输入

类似于借据不可能凭空产生,用于交易输入的比特币也不可能凭空产生,必须引用和解锁一个已完成的其他交易的一个输出。

如图 2.6 所示,在交易 A 中,Bob 获得 Alice 转来的 1BTC;而在交易 B 中,Bob 想把这 1BTC 转给 Cathy。所以在交易 B 中,他需要构造一个输入来引用交易 A 的这个输出。相当于他把交易 A 中的输出作为交易 B 中的输入。

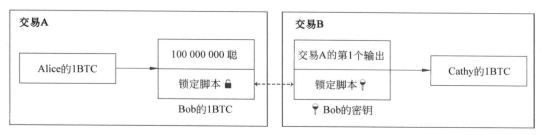

图 2.6　输入对前一个交易的输出的引用

因此,交易输入由两部分组成——使用到的前一个交易输出的引用和用于解锁这个输出的一个解锁脚本。其中,对输出的引用通过交易的哈希值和输出在这个交易中的位置决定,而解锁脚本通常使用了用户的密钥生成,只有用户本人才能够生成解锁脚本。

同样,交易的输入也可以有许多个。如图 2.7 所示,当 Bob 想要向 Cathy 转账 2BTC 时,仅仅一个来自 Alice 转账得来的输出是不够的,所以还得加上另一个属于 Bob 的交易输出。比特币交易输入结构如表 2.2 所示。

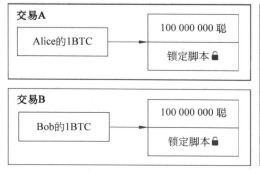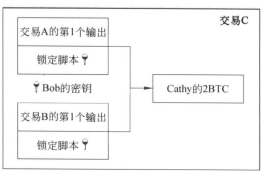

图 2.7　多个输入的交易

表 2.2　比特币交易输入结构

数据项	类　　型	大小/B	描　　述	
prevout	哈希值	32	引用上一个交易输出	上一个交易的哈希值
	无符号整型	4		输出在上一个交易的位置

数据项	类　　型	大小/B	描　　　　述
scriptSig	变长无符号整型	1～9	解锁脚本长度
	字节串	不定	用于解锁上一个输出的脚本
nSequence	无符号整型	4	序列号,在一些解锁的功能中使用

2.3.4　UTXO 模型

回到最开始 Alice 和 Bob 的交易,可以知道 Bob 通过自己的密钥生成对应解锁脚本的方式得到这个交易输出的 1BTC 的所有权。那么,是不是可以说 Bob 拥有了这个交易输出的所有权,就是拥有了这个 BTC 呢? 这是不够准确的。

当 Bob 下次想要把这 1BTC 转账给 Cathy 时,就可以通过类似的方式构建一个交易,把这个输出的 1BTC 转账给 Cathy,让 Cathy 获得新交易的输出的所有权。新交易完成后,原交易中 Alice 对 Bob 转账的输出依旧是存在的,所有权依然是 Bob,然而 Bob 不可能再进行转账了——它已经被"花费"出去了。

因此,衡量 Alice 或者 Bob 到底拥有多少比特币,不能仅仅看她/他到底拥有了多少交易的输出,还要看这些交易输出到底有没有被所有者"花出去"。如图 2.8 所示,Bob 的 1BTC 的交易输出已经花费,而 0.5BTC 的交易输出尚未花费,代表了 Bob 的用户余额。在比特币的世界里,这些还没有花费出去的交易输出才能够真正地反映出一个用户所拥有的比特币,它们称为未花费交易输出(Unspent Transaction Output,UTXO)。

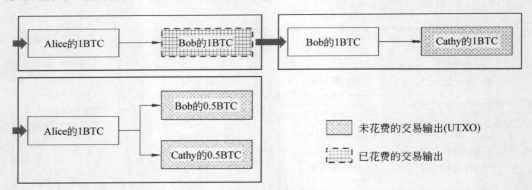

图 2.8　未花费与已花费的交易输出

随着比特币交易的不断确认,不断地有新的交易输出产生,与此同时也不断有原有的交易输出在新交易中被使用掉。只要把比特币系统上的所有交易执行一遍,将所有由 Bob 才可以解锁的、同时也是还没有被"花费"的交易输出收集起来,就可以得到 Bob 用户的比特币余额。

可以看到,在比特币的 UTXO 模型中,比特币并非是凭空产生的,而是通过前人的交易得来的,前人的比特币又是通过更为前面的交易获取的,这样可以对任意的比特币不断回溯,直到最初产生比特币的起点(如何产生后面将详细介绍)。在比特币的白皮书中,使用了"电子货币(指比特币)是一条数字签名链"的说法,讲的便是这样一个回溯的链条。在这个链条中,每一个节点都是一次比特币的交易,都是一次比特币所有者的签名认证与输出使用。当前任意一个比特币的持有证明,都是通过前面一层又一层交易的签名确认而得到的。最后,最新一笔交易的接收人可以通过验证输出的锁定脚本来确认他是这一比特币链条的所有者。

比特币的交易模型和结构大致如此,具体的实现细节可以参考表 2.3 中的交易数据结构细则,其中版本号可以实现在不修改原有交易的情况下对比特币交易的功能升级,而锁定时间则被用于定时锁定的比特币交易。这两个字段通常与比特币的一些复杂的脚本功能相关,这里不再继续展开。

表 2.3　比特币交易数据结构

数据项	类　型	大小/B	说　　明
nVersion	整数	4	交易的版本号
vin	变长无符号整型	1～9	交易输入数量
	数组	不定	交易的所有输入,按顺序排列
vout	变长无符号整型	1～9	交易输出数量
	数组	不定	交易的所有输出,按顺序排列
nLockTime	无符号整型	4	用于时间锁定脚本的时间戳

◆ 2.4　脚 本 系 统

2.4.1　锁定与解锁

当一个交易被执行时,比特币程序会通过检查花费该 UTXO 交易的锁定脚本(即输出中附带的脚本)和解锁脚本(即输入中附带的脚本)锁定脚本检查这个交易的合法性,以保证该 UTXO 是由持有者使用。锁定脚本和解锁脚本有时也会被分别称为输出脚本和输入脚本。

在比特币中,比特币脚本的执行是在一种基于栈的虚拟机中进行的。基于栈的虚拟机是一种简单的虚拟机结构,这个虚拟机的变量变换、输入输出等都是基于栈的操作,如入栈、出栈、复制栈顶元素等。这些对栈的操作由脚本语言定义,由解释器解释执行。

如图 2.9 所示,两笔前后依赖的比特币交易 A、B,交易 B 的输入来自交易 A 的输出,即交易 B 花费的是 A 的 UTXO。交易 A 和 B 各自带了它们的解锁脚本(即 InputA 和 InputB)和锁定脚本(即 OutputA 和 OutputB)。需要注意的是,比特币交易中可能带有多个输入和输出,在这里为了简化示例,仅展示只有一个输入和一个输出交易中脚本的执行过程。同时,需要强调,图 2.9 中的四个脚本 InputA、OutputA、InputB、OutputB 是四个内容不同的脚本,而执行交易的过程中只会使用交易 A 的锁定脚本 OutputA 和交易 B 的解锁脚本 InputB。当执行交易 B 的验证时,比特币程序会先执行交易 B 的解锁脚本 InputB,再执行交易 A 的锁定脚本 OutputA。只有当脚本都执行正确,返回 True 的结果时,才能认为交易 B 是有资格花费 A 的 UTXO,也就是交易是合法的。

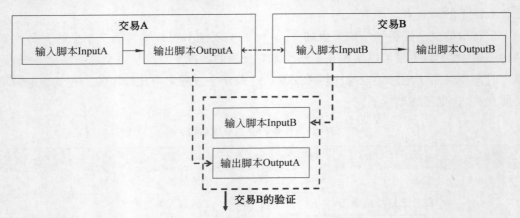

图 2.9　比特币中的交易脚本及验证示例

这里使用一个 Bob 向 Cathy 转账的交易作为一个例子,来对比特币脚本的执行和交易的验证进行一个简单地介绍。

如图 2.10 所示,一共有两笔交易:一笔为 Alice 将比特币转账到 Bob 的交易;一笔为 Bob 将比特币转账到 Cathy 的交易。

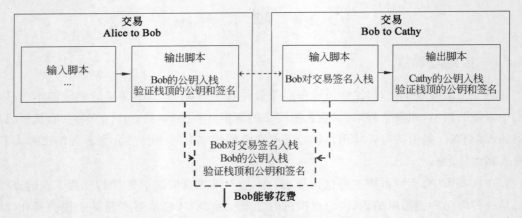

图 2.10　Alice-Bob-Cathy 的比特币交易

首先,为了让 Alice 给 Bob 转账,Bob 需要提供自己的公钥给 Alice。

Alice 收到公钥后,把 Bob 的公钥写入交易的锁定脚本中,把这些币"锁"到 Bob 的公钥上,这样一来只有持有 Bob 的私钥才能够解锁这些被"锁"住的比特币。一旦 Alice to Bob 这笔交易被比特币系统确认,则 Bob 可以认为收到了 Alice 转给他的比特币,因为只有 Bob 的私钥可以解锁这些比特币。

之后,Bob 要将收到的比特币花费给 Cathy,同样,Cathy 会向 Bob 提供自己的公钥。那么 Bob 是如何向区块链证明他拥有这些比特币且可以花费呢?

首先,Bob 将 Cathy 的公钥写入 Bob to Cathy 的交易中,这时交易中包含了 Cathy 公钥锁定脚本的输出,但还没有对 Bob 拥有的 UTXO 进行解锁,即没有解锁脚本。为了向区块链证明自己拥有并使用这个 UTXO,Bob 将当前这个不含解锁脚本的交易进行编码、哈希等处理后,得到一串他需要签名的文本,通过自己的私钥对这份文本进行签名,写入到交易的解锁脚本中,最终得到一个包含 Bob 私钥签名的交易。至此,这笔交易可以完整地广播到网络中。

比特币系统中的各个节点,在收到 Bob to Cathy 这笔交易时,将寻找他的前置交易的对应输出是否被花费,也就是 Alice to Bob 的交易,并从中取出 Alice to Bob 的锁定脚本,结合 Bob to Cathy 的解锁脚本,进行验证。

可以看到,拼接后的脚本执行过程是,依次将 Bob 对交易的签名和公钥入栈,再根据栈顶的公钥和签名,对签名进行计算,验证其解密后的文本是不是 Bob to Cathy 这笔交易进行编码、哈希等操作后的文本。验证通过后,就证明 Bob 可以花费 Alice 给他的比特币,那么这笔交易结束后,这些比特币就同样地"锁"到了 Cathy 的公钥上。之后 Cathy 想要花费比特币,也是相同的流程。

注意:这个例子中 Bob 提供的是公钥,不是比特币的地址。当前多数文本资料中的"地址",为公钥经过多轮哈希、编码后生成的,如果是提供地址的转账,则是下文中 Pay-to-PublicKey-Hash 类型的转账。

这里,再以比特币区块 100120 中的一个真实交易为例。这个交易 ID 为 6f557e58b971f837b63fded993cfee6b9d9d37dc189d2220b2b3861e10938c58,同时它依赖于交易 110ed92f558a1e3a94976ddea5c32f030670b5c58c3cc4d857ac14d7a1547a90 的 UTXO,之后将使用哈希值的前四位作为简写,即交易 6f55′ 花费了交易 110e′ 的输出。

交易 110e′ 的锁定脚本:

```
OP_PUSHBYTES_65 04d1…f322(省略部分字符,下同)
OP_CHECKSIG
```

交易 6f55′ 的解锁脚本:

```
OP_PUSHBYTES_72 3045…be01
```

在 6f55′ 的交易验证中,为了检验其是否能花费 110e′ 的输出,比特币程序先后执行了交易 6f55′ 的解锁脚本和交易 110e′ 的锁定脚本,合并的执行过程如下:

```
OP_PUSHBYTES_72 3045…be01
OP_PUSHBYTES_65 04d1…f322
OP_CHECKSIG
```

下面逐行解释两个脚本的执行过程。

(1) 初始化栈,栈为空。

(2) 执行 OP_PUSHBYTES_72 操作,将 3045…be01 入栈。

(3) 执行 OP_PUSHBYTES_65 操作,将 04d1…f322 入栈。

注意: 此时栈顶的两个元素自上而下,分别是 04d1…f322 和 3045…be01,而这两个元素,分别来自两笔交易中的输入脚本和输出脚本。

(4) 执行 OP_CHECKSIG 操作,这一操作将栈顶的两个元素,一个作为公钥,一个作为签名进行验证,验证签名是否为该公钥所对应的私钥根据交易哈希签的密文,然后返回结果。

(5) 如果栈顶元素为 True,则交易验证通过,否则交易不合法。

由上可见,比特币的交易脚本从某种程度上也可以看作为一种智能合约。以该交易为例,交易 110e′ 的锁定脚本自带了一个公钥,只要是使用该公钥对应的私钥签名的交易,都可以花费 110e′ 的 UTXO。该合约的执行过程:交易 6f55′ 给出了签名(事件驱动),对应的比特币转移到了交易 6f55′ 的输出脚本对应的地址中(价值转移),且这一过程是软件自动的,不需要人工进行操作的。

2.4.2 常见脚本类型

一般地,常见比特币的锁定脚本有以下类型。

1. Pay-to-PublicKey(P2PK)

P2PK 即在锁定脚本中包含了公钥,对应的解锁脚本需要给出公钥对应的私钥签名,例如 2.4.1 节中的交易例子。

2. Pay-to-PublicKey-Hash(P2PKH)

P2PKH 即在锁定脚本中包含了公钥的哈希值,对应的解锁脚本需要另外给出对应哈希值的公钥。P2PKH 比 P2PK 的脚本更为常见,主要是使用 P2PKH 进行转账与 P2PK 相比,有如下两个主要优点。

(1) 安全。P2PKH 向支付者交付的不是自己的公钥而是公钥的哈希值,虽然在现有体系下通过公钥计算私钥是非常困难的,但是依旧不能保证公钥不能反推私钥。而使用公钥哈希值则可以防止公钥泄露,更加安全。

(2) 节省手续费。对于支付者来说,由于锁定脚本使用了长度更短的公钥哈希值,交易数据量减少可以一定程度地减少交易需要支付的手续费。

如上文例子中的交易中,交易 6f55′的锁定脚本:

```
OP_DUP
OP_HASH160
OP_PUSHBYTES_20 3af948b0b2bdae673c801791bc15bccd297adef4
OP_EQUALVERIFY
OP_CHECKSIG
```

该交易对应的后续花费其 UTXO 的交易:

2f3a33b694915df0e12c379c86971d07c215574110ded5f7f484a7baefd0d227。

通过浏览比特币交易可得,对应的解锁脚本:

```
OP_PUSHBYTES_73 3046…ee01
OP_PUSHBYTES_65 047…209b
```

则完整的执行过程:

```
OP_PUSHBYTES_73 3046…ee01
OP_PUSHBYTES_65 047…209b
OP_DUP
OP_HASH160
OP_PUSHBYTES_20 3af948b0b2bdae673c801791bc15bccd297adef4
OP_EQUALVERIFY
OP_CHECKSIG
```

类似上面例子,逐行解释如下。

(1) 初始化栈,将签名数据入栈。

(2) 将公钥数据入栈。

(3) OP_DUP 操作将栈顶元素复制一份,即此时栈顶依次为公钥、公钥、签名。

(4) OP_HASH160 操作将栈顶元素取出,求得哈希值,并返回栈顶。

(5) OP_PUSHBYTES_20 操作将公钥哈希值入栈。

(6) OP_EQUALVERIFY 操作验证栈顶两个元素是否相等,异常则终止。

(7) OP_CHECKSIG 验证栈顶的公钥和签名。

(8) 返回 True,则通过。

3. Pay-to-Script-Hash(P2SH)

P2SH 即在输出脚本中包含了一段脚本的哈希值,对应的解锁的输入脚本要给出一段序列化后的脚本,哈希值需要跟输出脚本中的一致,脚本验证通过后将被反序列化并执行。这一脚本类型被大量应用于多重签名钱包中,将在 2.4.3 节中单独说明。

4. Null-Data

Null-Data 是 OP_RETURN 操作对应的脚本,该操作专门用于存储和交易逻辑无关的数据,这个交易输出会被当作假的 UTXO,无法被花费。真实比特币中示例交易 ID:

```
ffa9be085f1d78acc0e0aa8303b3841fdb586b85e09af19b7e8d665a10df0659
```

通过浏览该交易可得其第一个锁定脚本:

```
OP_RETURN
OP_PUSHBYTES_39 6964…1141
```

该类型脚本常被用于存证、币的销毁证明等场景。当然,比特币脚本并不止以上类型,尤其在比特币社区激活了隔离见证后,部分脚本内容被移动到了 Witness 字段中,后来比特币还进行了 Taproot 软分叉升级,感兴趣的读者可以自行深入学习。

2.4.3 多重签名钱包

多重签名钱包是比特币的常见脚本之一,基本作用:N 个人签订一份合约,共同管理一笔钱,只有得到至少 M 个人的同意才能花费这笔钱。在现实生活中,需要通过复杂的机制、合约、司法来达成这一效果,而使用多重签名钱包的比特币脚本,则有机会通过加密的方式实现。

真实比特币区块链上的一个多方签名交易有

```
7c0750818dc6c67761d591536a452e0091fe4262e7d51821c1f453df461e6ad4
```

通过区块链浏览器,可获得其对应的解锁脚本:

```
OP_0
OP_PUSHBYTES_71 3044…c401
OP_PUSHBYTES_71 3044…a601
OP_PUSHDATA1 5241…53ae    (序列化后的脚本,称为 Redeem Script)
```

其花费的 UTXO 对应的锁定脚本:

```
OP_HASH160
OP_PUSHBYTES_20 08620a36625add363b20be66f8978f3f237f9c82
OP_EQUAL
```

以上脚本的执行过程如下。

(1)初始化栈,在栈上放置一个空数组。

(旧版本比特币程序遗留的验证多方签名操作的 BUG,需要多一位)

(2)OP_PUSHBYTES_71 将签名数据 A 入栈。

（3）OP_PUSHBYTES_71 将签名数据 B 入栈。

（4）OP_PUSHDATA1 将 Redeem Script 入栈。

（5）OP_HASH160 将栈顶元素求得哈希值，并返回栈顶。

（6）OP_PUSHBYTES_20 将 Redeem Script 的哈希值入栈。

（7）OP_EQUAL 对比栈顶两个元素是否相等，验证失败则退出。若验证通过，说明解锁脚本中提供的 Redeem Script 的哈希值符合其花费的 UTXO 的锁定脚本中规定的 Redeem Script 的哈希值，则可以接着执行 Redeem Script。

注意：此时栈中仍有签名数据 A、B。将 Redeem Script 反序列化，得

```
OP_PUSHNUM_2
OP_PUSHBYTES_65 0465…f68e
OP_PUSHBYTES_65 0485…8ed3
OP_PUSHBYTES_65 04b6…9347
OP_PUSHNUM_3
OP_CHECKMULTISIG
```

接着继续执行 Redeem Script 中的操作。

（8）OP_PUSHNUM_2 将 2 入栈，即表示最少有 2 个人同意。

（9）OP_PUSHBYTES_65 操作 3 次，依次将 3 个公钥入栈。

（10）OP_PUSHNUM_3 将 3 入栈，即表示有 3 个人可以签名。

（11）OP_CHECKMULTISIG 将按照 N、公钥、M、签名的顺序验证多方签名信息。

最终，如果上述过程执行无误，OP_CHECKMULTISIG 返回 True，则交易可以成功地花费输入的 UTXO。

以上便是比特币中多方签名钱包的具体例子。可以看到这个多方签名钱包是由代码定义、在各个节点中独立执行、通过区块链的手段保证多方共识难以篡改，这也是区块链智能合约技术的主要特点。

然而，比特币上的脚本仍不是完备的智能合约，严谨地说，比特币上的脚本不是图灵完备的，无法执行循环等复杂操作。为了改进这一点，开源社区便产生了支持图灵完备的智能合约的以太坊项目。

◇ 2.5　公私密钥与地址

在如银行、网站等现实场景中，一个用户的名称一般可以是任意的，而用户的密码更是根据用户自己的喜好选择不同长度、强度的字符组合。然而，在比特币或者其他区块链系统中，用户的对外名称（也就是地址），却是根据用户的密码（也就是私钥）生成的。

这种看似奇怪而又苛刻的要求与区块链系统本身的性质有关。对于一个网站，或者银行系统来说，存在一个权威的服务，如后台的数据库，这个权威服务可以保存用户与用

户密码之间的认证关系；然而，对于一个去中心化的系统来说，比特币无法依赖一个潜在的权威服务来保存这种任意的认证关系。为此，比特币需要利用密码学的原理来实现认证的功能，即利用非对称加密体系来建立一个密码与用户之间的映射关系。一旦选定了特定的用户私钥，那么对应的用户标识便是确定的，比特币只要通过非对称加密确定用户持有特定用户标识的私钥，便能够实现认证。

2.5.1 私钥

比特币的加密体系采用了椭圆曲线进行非对称加密，每个独立用户持有一个长度为 32B 的私钥。一个合法的比特币私钥 k 可以是处于 0x1 到 0xFFFF FFFF FFFF FFFF FFFF FFFF FFFF FFFE BAAE DCE6 AF48 A03B BFD2 5E8C D036 4141 之间的任意 64 位的十六进制整数，一个可能的私钥如下：

```
7C 7F C7 CC EC C1 FE E3 B3 E4 AC 63 AD D8 64 BD 78 66 96 C2 0C A1 56 83 A2 69 AA 9A D8 63
94 43
```

私钥是比特币中确认 UTXO 所有权的唯一方法，代表了地址中所有比特币的使用权，所以一般会要求用户严格保存，一旦泄露便意味着地址中的比特币会被别人随意使用。

2.5.2 公钥

公钥通过在一个特定的椭圆曲线上乘以一个椭圆曲线的一个固定点得到，是一个坐标值。比特币使用的这个特殊的椭圆曲线是由 SECG(Standards for Efficient Cryptography Group)提出来的 secp256k1，它有形如 $y^2 = x^3 + 7$ 的形式。这个详细的过程可以参考密码学相关的计算方法，这里不进行详细地解释，认为公钥可以通过私钥产生即可，私钥通过一定计算可以得到一个长度为 128 位的十六进制公钥。这种格式称为公钥的 Raw 格式，一般加上 0x04 作为前缀区分，下面这个 130 位的公钥便是上述私钥所对应公钥的 Raw 格式。

```
04 FB D0 A9 8C EF 18 0C DA A3 FC 2B 64 A4 CA 56 FB C8 E8 AF 5C C7 4E 82 0D A3 4E B9 DA B0
D4 6F F2 E3 85 87 07 92 9D 0A 9B EA CF 55 33 C2 2B F0 2D 34 E0 A6 EE 4F 1A 19 C1 CE AC 4F
C4 25 18 10 A6
```

其中，公钥由坐标值的两个方向组成，由于比特币使用的椭圆曲线的特殊性质，一个 x 轴坐标确定后，只有对应两个互为相反数的可能的 y 轴坐标，只需要保存 x 轴和 y 轴坐标的符号就好。这种通过保存 x 坐标的公钥称为压缩公钥格式，前面会加上 0x02 或者 0x03 用来区分两个不同的 y 轴坐标。上述公钥压缩格式：

```
02 FB D0 A9 8C EF 18 0C DA A3 FC 2B 64 A4 CA 56 FB C8 E8 AF 5C C7 4E 82 0D A3 4E B9 DA B0
D4 6F F2
```

2.5.3　普通地址

在公钥的基础上可以继续计算比特币的转账地址,这种地址一般称为普通地址(Legacy Address),对应的转账脚本则是 P2PKH。

(1) 对公钥利用 SHA256 算法进行哈希计算。

```
53E8E074EA414244B104A43DDA0D3DB7D7939EA767F2DE1D922DE9C26E96E5E9
```

(2) 对上述结果再进行一次 RIPEMD160 的哈希计算。

```
0CC2D07F3801D43FD444EB842645FE30C3044B30
```

(3) 计算 32 位校验和,对上面的哈希结果再进行两次 SHA256。

```
82B6D0CB245031B7B199E32DDDFB45CD04812FC219F1549FE7F0D2DBB4414A99
```

(4) 取前 4B(也就是前 8 个十六进制数)作为校验码。

```
82B6D0CB
```

(5) 为了表明这个地址是主网的转账地址,使用一个主网地址前缀 00 来表示。将主网前缀 00、第 2 步的 RIPEMD160 的结果及校验和前 4B 拼接起来得到地址的十六进制表示。

```
000CC2D07F3801D43FD444EB842645FE30C3044B3082B6D0CB
```

这样一个普通地址可以用来进行 Pay-to-PublicKey-Hash 类型锁定脚本的比特币转账。其中前两位是用来区分主网地址的前缀,表明这是一个主网上的普通地址。中间部分的 20B 的 RIPEMD160 哈希值便是脚本中的公钥哈希值。最后,末尾的 4B 提供了公钥哈希值的校验能力,可以用来检查公钥部分是否正确。

2.5.4　Base58 编码

十六进制数的可读性很差,为此比特币定义了 Base58 编码系统来对公私密钥进行编码,使用了数字+26 个大写字母+26 个小写字母进行编码,其中除去了数字 0、大写字母 O、I 以及小写字母 l 这四个容易产生混淆的编码,共计 58 个字符。通过对上述的十六进制地址进行 Base58 编码,可以得到一个日常使用的比特币地址。整个地址计算的流程可以参照图 2.11。

```
12AUVFJhcbzNnQULYwpDTyH2cHxUcWWvSv
```

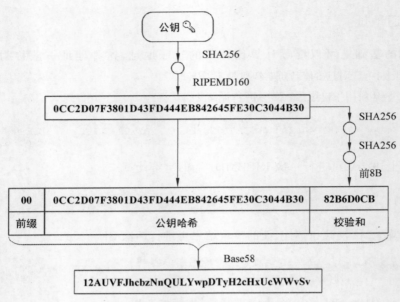

图 2.11　比特币地址的生成

2.5.5　其他地址

对于比特币中的其他锁定脚本，对应的有许多不同格式的地址，这些地址通过自己独特的前缀来进行区分（主网前缀是 00，Base58 之后是 1）。对于 P2SH 脚本的哈希地址，通常是由前缀为 3 的 Base58 地址构成，而对于见证隔离等脚本则采用了 BC 作为地址前缀。

同时，对于主网与测试网来说，为了避免因为转账地址的混淆带来的错误交易，使用了不同的前缀来区分。更加具体的一些地址类型和地址前缀可以参考表 2.4。

表 2.4　比特币地址类别及对应前缀

十六进制前缀	Base58 格式前缀	类　　　型
00	1	公钥哈希地址
05	3	脚本地址
80	5	私钥（未压缩公钥）
80	K 或者 L	私钥（压缩公钥）
6F	m 或者 n	测试网公钥哈希地址
C4	2	测试网脚本哈希地址
EF	9	测试网私钥（未压缩公钥）

◇ 2.6　区　块　与　链

在比特币中,交易需要得到验证和执行才能够正式被区块链系统确认,这笔钱才算被"花"出去。由于比特币没有一个权威的中心,确认交易的重任便落在了参与比特币的所有节点上,需要所有节点达成一个交易确认的一致意见。如果很轻松便能够确认交易,那么大家就会各自确认,一些冲突的交易可能就会被同时确认,例如 Cathy 可以使用同一份 UTXO 同时向 Alice 和 Bob 转账。为此,比特币系统为确认交易的过程设立了一个门槛,带来了一定的难度,这样一来交易便不能够被随便确认。然而,确认的门槛带来了新的问题,如果每一个交易都要被单独确认的话,整个系统的开销将会非常大。为此,比特币系统中采取了批量确认交易的方法,将一整批没有冲突的交易打包成一个确认的整体,这便是区块(Block)。节点将交易打包成区块之后,便开始竞争确认区块的权利,最先达成条件的节点将会代表整个区块链网络将区块里的交易加入区块链系统中。

与此同时,区块还会包含上一个区块的哈希引用,用来表示对于上一个区块确认结果的承认。这样一来,区块之间便形成了一个单向的哈希链表,这也就是区块链(Blockchain)。

2.6.1　区块

如果把区块链系统理解为一个数字账本,那么一个区块便是账本上的一页,记录了相对独立的一批交易记录,并在每一页对这些交易进行一次确认。

通常,区块由区块头(Header)和区块体(Body)组成。区块头里面包含了这个区块的所有信息,而区块体里面通常会存放交易等详细数据,区块的结构如图 2.12 所示。

图 2.12　区块的结构

2.6.2　区块头

区块头是区块中存放区块信息的结构,通常被用来作为区块的摘要在网络间进行传输。为了能够保证传输的效率,区块头要尽可能小。所以,区块头通常不会存放交易列表这种数据细节,而是存储了交易列表的哈希值,并将交易列表存放到区块体中。

在比特币中,区块头存放了区块遵守的版本、前一个区块的哈希值、交易列表的哈希值、

34

产生区块的时间、难度信息和用来达成区块产生条件的 Nonce,具体的内容可以参考表 2.5。

表 2.5 比特币的区块头数据结构

源码中的命名	大小/B	说　明
nVersion	4	区块遵守的版本
hashPrevBlock	32	前一个区块的哈希值
hashMerkleRoot	32	区块中交易列表的哈希值
nTime	4	产生区块的时间
nBits	4	区块产生的难度目标
nNonce	4	凑齐难度目标的一个随机数

在比特币区块的确认过程中,区块必须满足一定的门槛条件才能够正式产生,这个条件的难度信息被保存在区块头中。然而,区块的数据如果全都是固定的数值,它就会始终不变,计算能否满足正式产生的门槛条件时就会始终无法达成,最后的结果便是没有交易可以被确认,这是与比特币系统的设计相违背的。因此,区块头中还加入了一个可以动态调整的 Nonce 数值,用来在计算产生条件时进行适度调整,"凑齐"一个满足产生门槛条件的合法区块。

2.6.3 Merkle 树

在区块头中,通过保存区块中交易列表的哈希值的方式来实现校验。当交易列表中的任意一个交易被有意(比如恶意篡改)或者无意(比如复制出错)改动时,根据哈希函数的性质,就会得到一个完全不同的哈希值。

如图 2.13 所示,一种比较直接的想法是对整个列表的数据进行哈希运算,得到交易列表总的哈希值,即 $Hash_{tx} = H(tx_0 + tx_1 + \cdots + tx_n)$。这种方法能够得到交易列表的哈希值,也有以下不足之处。

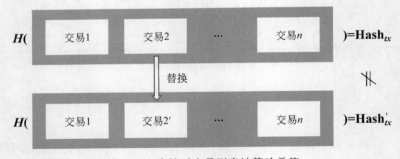

图 2.13 直接对交易列表计算哈希值

(1) 直接进行哈希运算虽然能够进行交易校验,但是不能够定位到具体出错的交易。

(2) 一旦对于列表中任意一个交易进行更换时,需要重新对所有的交易进行重新哈希运算。

（3）必须掌握所有的交易才能够计算交易列表的哈希值。

为此，比特币中使用了 Merkle 树来计算交易列表的哈希值。比特币中使用的 Merkle 树是由计算机科学家 Ralph Merkle 在 1979 年提出的一种通过元素哈希值构成的二叉树，其中叶子节点是数据项的哈希值，中间节点则是它包含的子节点的哈希值。具体构建顺序如下。

（1）对列表中的每一个交易计算哈希值，也就是计算 Merkle 树的叶子节点，例如 $\text{Hash}_1 = H(tx_1)$，Hash_2、Hash_3 和 Hash_4 同理。

（2）对叶子节点进行两两配对，计算两者的哈希值，形成上一层的哈希列表，例如对前两个节点 Hash_1 和 Hash_2 计算得到上层的 $\text{Hash}_{12} = H(\text{Hash}_1 + \text{Hash}_2)$，$\text{Hash}_{34}$ 同理。

（3）逐层计算直到得到最后的交易列表哈希值 Hash_{tx}。

1. 交易哈希值校验

Merkle 树能够实现对交易列表的哈希值校验，确保列表中的元素不会被修改，这个过程也称为 Merkle 树证明。

如图 2.14 所示，如果交易 2 发生了变动，那么在这棵 Merkle 树中从根到交易 2 对应的叶子节点的路径上的所有哈希值都会发生变动，也就是 Hash_{tx}、Hash_{12} 和 Hash_2 会发生变化，最后得到的交易列表哈希值 Hash'_{tx} 与区块头中记录的哈希值 Hash_{tx} 不能够正确匹配。

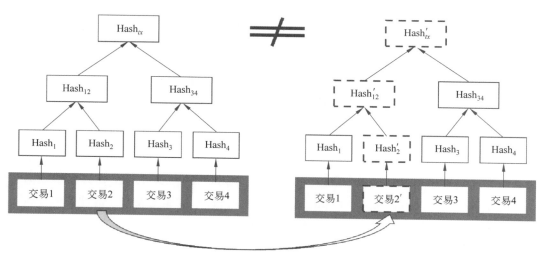

图 2.14　Merkle 树的计算与校验

2. 快速重新计算

Merkle 树相较于直接进行哈希计算的一个重要优点是可以实现快速地重新计算。

Merkle 树的数据项发生变化时,可以利用前一次计算得到的哈希值,只对被修改的树节点进行哈希重计算,便能得到一个新的根哈希值用来代表整棵树的状态。

例如:交易 2 变化后重新计算列表的哈希值,也只需要重新计算 $Hash_2$、$Hash_{12}$ 和 $Hash_{tx}$ 的哈希值,而不需要重新计算整个列表的哈希值。

3. Merkle 树分支和轻节点验证

Merkle 树的另一大优点就是可以通过提供特定的叶子节点来完成对列表中任意一个元素的哈希证明,这些可以用来证明特定元素的叶子节点哈希值被称为 Merkle 树分支(Merkle Tree Branch)。对于列表中的所有元素,Merkle 树都可以生成对应的 Merkle 树分支进行哈希证明,从而避免对列表全部元素的访问。

如图 2.15 所示,假设需要验证交易 2 是否合法,对于 Merkle 树而言,可以不需要提供列表中的交易 1、交易 3 和交易 4,而只需要提供 $Hash_1$ 和 $Hash_{34}$ 即可完成对交易 2 的哈希证明。

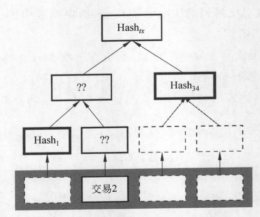

图 2.15　Merkle 树分支与验证

这一特点同时也被比特币的"轻节点"所运用,这样轻节点只需要存储区块头的数据而不是区块体里面的所有交易列表,验证(Lightweight Verifiable Query,LVQ)某笔交易是否在区块链账本中时只要由最近的全节点提供对应交易的 Merkle 树分支路径即可(例如提供交易 2 对应的 $Hash_1$ 和 $Hash_{34}$),这使得比特币这样庞大的公链可以运行在智能手机或者个人计算机这样的小容量存储终端上。

2.6.4　区块链

通过对每一个块进行哈希计算,可以得到每一个块的特定哈希值。在区块头中,除了本区块的基本信息之外,还会包含一个特定的哈希值,用来指向上一个区块。通过这样不停地往前寻找,最终会得到一个称为创世区块(Genesis Block)的初始区块。从区块链的创世区块开始到当前区块包含的区块数量称为当前区块的高度(Height)。

如图 2.16 所示,当区块链的中间一个区块受到恶意篡改时,由于哈希函数的抗篡改性,该区块的哈希值将会发生剧烈地变化,继而与后续区块指向当前区块的哈希值产生冲突。这个过程有点类似于多米诺骨牌,为了解决后面一个区块与当前被篡改区块的哈希值的不同,就必须修改后面一个区块的内容,进而后面的区块都得被逐个改动,直到最新的一个区块。由于每个区块的改动(其实也就是重新产生)都是有一定的难度要求的,随着后续区块的增多,最终所需要的精力将会呈指数级别陡增。

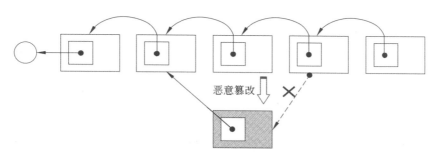

图 2.16　区块链的不可篡改性

◆ 2.7　共　　识

在比特币中,任意一个节点都有打包区块的权利,但是其打包的结果必须得到其他参与者的承认,这个过程称为共识(Consensus)。

2.7.1　PoW

比特币采用了工作量证明(PoW)作为全网的共识机制。在 PoW 的框架下,不是任意情况都可以产生一个合法的区块,区块的哈希值必须满足一定的条件。一个合法的区块的哈希值的前 n 位必须为 0。然而,如果一个区块确定下来的话,那么它的哈希值就是固定的。为了使得整个区块的哈希值满足这个条件,区块中增加了一个可以动态变化的数字,打包区块的人必须找到一个合适的数来"凑数",最终产生一个满足条件的区块哈希值。其中,n 称为难度(Difficulty),而这个合适数字便是区块头中的 Nonce。如图 2.17 所示,打包区的人在同一个区块头分别尝试了 4 个不同的 Nonce 值,只有 Nonce4 能够生成一个前缀有 n 个 0 的哈希值。

由于哈希函数的单向性,不能够通过哈希值来逆推出一个合适的 Nonce,所以这个 Nonce 只能通过随机尝试的方式来找到。这个随机尝试的过程有点类似于幸运大抽奖,只不过这个抽奖的代价是时间而不是金钱,而奖品则是打包区块的权利。每个参与的人会不停地穷举一个随机的 Nonce 和区块的其他部分一起计算哈希值,直到找到一个符合产生区块难度要求的哈希值的 Nonce 为止。

但是,由于采用了 PoW 来确认产生区块,如果只是单纯地打包区块的话,打包区块

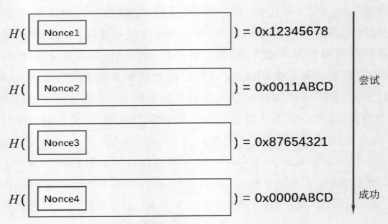

图 2.17　难度为 16 个前缀 0 的 Nonce 值尝试

的人将会花费大量时间和计算资源来确认区块，这是一件费力不讨好的工作，自然不会有头脑清醒的人去参与打包。

　　为此，比特币系统规定了打包区块可以得到一定数量的比特币作为打包区块的奖励，用来激励节点参与打包。这些打包区块的奖励是所有 UTXO 中比特币的唯一来源，所有的比特币交易链条追溯到最开始便是一个特殊的矿工的打包区块奖励交易。这个交易没有输入，只有转向打包者的输出。由于这个寻找合适 Nonce 的过程犹如在沙中淘金、山中采矿一样产出比特币系统中所能够使用的比特币，这个过程也被形象地称为挖矿（Mining），而参与 PoW 共识中打包区块的比特币节点被形象地称为矿工（Miner）。

　　虽然总有不幸者从未中奖，但是总会有那些幸运儿可以很快地找到合适的 Nonce 来满足难度的要求。在哈希函数足够随机并且参与者足够多的情况下，能够找到合适 Nonce 所需要的时间的期望值将会收敛到一个值，而这个值与难度是相关的。

2.7.2　分叉

　　然而，即便给合法区块的生成设定了足够高的门槛，在巧合的情况下，仍然有可能有两个不同的矿工在同一时间，或者相继很短的一段时间内生成两个同样高度的区块，那么这个区块链便会产生两个合法的后继区块，可能的情况如图 2.18 所示。这种情况称为分叉（Fork）。

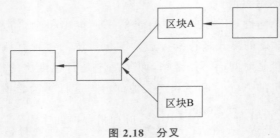

图 2.18　分叉

分叉可以是由很多原因产生的。例如挖矿的难度过低,那么矿工出块的速度就越快,同时产生区块的可能性就越大,也就越容易产生分叉。又例如网络的通信时延过长,新生区块不能够很好地在比特币网络中传播,那些不知道新区块产生的矿工们可能还会在同一高度下继续进行挖矿,那么也很容易产生分叉。

一般地,分叉的产生是一种不好的现象,代表了区块链系统对于交易的确认出现了一定的分歧。在图 2.18 所示的区块 A 和区块 B 中,可能会存在着互相冲突的交易。例如区块 A 中保存了 Cathy 使用 UTXO 向 Alice 转账的交易,而区块 B 中保存了 Cathy 使用同样的 UTXO 向 Bob 转账的交易。如果不出现分叉的话,这两个交易只能有一个被确认,然而,在分叉的情况下两个都被确认了,也就是说,Cathy 的同一个 UTXO 被花费了两个,这也就是"双花"(Double Spending)。

2.7.3　算力与难度调整

虽然每一次找到合适的 Nonce 的概率相对于产生区块的难度是固定的,但是全网机器在固定时间内能够进行尝试的次数却是不断变化的,这个能够变化的单位时间尝试次数称为哈希算力。随着时间的推移,比特币的参与节点可能会不断增加,同时参加计算的节点的机器性能也会不断地增强,进而导致全网的哈希算力不断提高。随着全网算力的提高,如果难度固定,那么产生新区块的时间间隔将会越来越短,这将导致分叉的大量产生。

另一方面,如果参与计算的节点变少了(例如因为能源的涨价导致计算成本上升),全网算力也有可能下降,如果难度固定,那么交易将会很久才能够得到确认。

为了能够适应算力的动态变化,同时尽可能地使得两个区块产生的时间间隔稳定,区块产生的难度条件需要不断适应算力进行调整,这便是难度调整。当最近一段时间产生的区块的平均时间间隔过短,则说明全网算力提高了,需要适当地提高难度来延长区块之间的时间间隔,反之亦然。最终,比特币网络将会把区块之间的时间间隔稳定在 10min。由于难度总是与前序的区块产生时间相关,所有矿工将不会在难度的调整上产生任何分歧。

2.7.4　最长链原则

为了避免分叉导致的全网不一致,比特币使用了最长链原则来确定一个节点应当选择的分支。在存在多条分叉的情况下,最长的那个分支总是被多数人承认。对于一个挖矿节点来说,选择更长的分支进行后续的挖矿总是更有利于自己的。这是因为哈希函数的随机性是很充足的,挖矿节点在当前更短的分支上产生新区块的可能性总是与更长分支上的相同。如果在更短的分支上进行挖矿,便意味着产生的新区块的数量是很难超过同时在更长链上产生新区块的其他节点的。这样一来在更短的分支上挖矿意味着自己产生的区块将更不太可能被全网认可。

同时,最长链原则也保证了前序的区块不可能被随意篡改。如果破坏者修改了一个区块,那么它必须在这个区块上产生一个比当前区块链还要长的分支来获得其他人的认可。这就意味着攻击者必须比其他所有人更快地产生区块来"追赶"当前的合法分支,同时也要求攻击者的算力要比其他人的总和还要高,也就是占据全网算力的 51％以上才能够实现。

◇ 2.8 课 后 题

一、选择题

1. 比特币使用的交易模型是( )。

    A. UTXO   B. 账户模型   C. 数据库模型   D. 以上都不是

2. 比特币系统防止双花攻击的方式是( )。

    A. 对每个地址记录 Nonce   B. 维护 UTXO(未花费的交易输出)表

    C. 验证转账者的签名是否正确   D. 通过机器学习的方法识别双花攻击

3. 比特币的区块大小限制是( )。

    A. 512KB   B. 1MB   C. 2MB   D. 4MB

4. 比特币中,拥有( )可以证明数字资产的所有权。

    A. 私钥   B. 公钥   C. 公钥哈希   D. 钱包地址

5. 签名必须使用_____,对应的_____验证签名通过。( )

    A. 公钥,私钥   B. 私钥,公钥   C. 私钥,地址   D. 地址,公钥

6. 在比特币区块链中,一个节点同步时收到两份合法账本,则( )。

    A. 以最长的为主账本另一个也保留

    B. 只保留最短的

    C. 都不保留

    D. 只保留最长的

7. 比特币交易结构中用于锁定脚本的数据项是( )。

    A. nValue   B. scriptPubKey   C. block   D. preyout

8. 常见的密码算法不包括( )。

    A. RSA   B. TEE   C. SM2   D. AES

9. 区块链中的加密账户机制主要是由( )技术建立的。

    A. 哈希算法   B. 对称密钥   C. 非对称密钥   D. P2P 通信协议

10. Alice 的私钥丢失了,则( )。

    A. 她可以用公钥重新生成   B. 对应地址的资产找不回来了

    C. 她还可以用地址签名交易   D. 私钥只是密码可以重置

二、填空题

1. 比特币为了避免分叉导致的全网不一致,使用_____来确定一个节点应当选择的分支。

2. 要维持比特币网络的正常运行,理论上需要至少_____个矿工。

3. 比特币通过_____来控制新区块产生的时间间隔。

4. 十六进制的可读性很差,为此比特币采用了_____编码系统来对公私密钥进行编码。

5. 在比特币中,用户账户的余额通过_____来表示。

三、简答题

1. 比特币系统中的区块头主要记录了哪些信息?

2. 简要描述哈希算法以及哈希碰撞,并举一个哈希算法的例子。

3. 如何理解比特币系统的数据透明性和不可篡改性?

4. 什么是单签名钱包?什么是多签名钱包?

5. 比特币中一个交易的结构是怎样的?

6. 比特币脚本分为哪些类型?

7. Merkle 树在比特币中的作用是什么?

8. 主网与测试网有哪些区别?

9. 比特币区块中的时间戳的作用是什么?

10. 比特币中私钥、公钥、地址之间的关系是什么?

## 第3章

以 太 坊

以太坊是目前市场份额仅次于比特币的第二大区块链系统,它在比特币原有的性能和应用场景基础上进行了拓展,是第一个支持智能合约的区块链系统。区块链的应用场景,因以太坊的诞生,从原本单一的加密数字货币交易,延伸到灵活多样的自定义应用设计。本章将介绍以太坊的设计原理,主要包括以太坊的简介和架构、账户及交易、数据结构与存储、共识机制等部分。

◇ 3.1 以太坊简介

3.1.1 以太坊的诞生

比特币的诞生开创了区块链技术的先河,并受到了很多关注。在比特币诞生后的几年里,一些性能提升或带有新功能的区块链系统也开始出现,如具有更快交易确认速度的莱特币(Litecoin)、引入权益证明(Proof of Stake,PoS)的点点币(Peercoin)、更注重安全和隐私的门罗币(Monero)等。但是,这些项目的可扩展性有限,不是能面向多种使用场景自定义数字资产(如自定义债券、凭证等需要流通的资产)的通用系统。同时,虽然原始的比特币系统可以运行简单的脚本语言,满足一定的灵活性需求,但是这种脚本语言是图灵不完备的,不足以构建更高级的去中心化应用。

2013年,年仅19岁的Vitalik Buterin初步提出了以太坊的设计思想。这种新的区块链系统内置了成熟的图灵完备的编程语言,允许将区块链技术拓展到更多可能的应用场景。2014年,许多开发者加入以太坊项目,成立以太坊基金会并开始以太坊项目的研发。2015年7月,以太坊主网上线,正式开启以智能合约为代表的区块链2.0时代。利用智能合约,用户可以基于公共的区块链平台开发属于自己的分布式应用(Decentralized Application,DApp)以及发布代币,使区块链商业应用成为可能。在之后的几年里,以太坊的技术得到了认可和发展,目前已有数千个基于以太坊的DApp,其主要的加密数字货币以太币(Ether),也发展成为继比特币之后的第二大加密数字货币。

从以太坊白皮书发表到现在,以太坊经历了多次硬分叉和版本升级。由于其版本和路线图变更频繁,请读者自行参阅社区中的介绍文档。

在未来的阶段,以太坊计划增加更多先进技术(如分片技术、新一代虚拟机 Ewasm),朝着更安全和更持久的去中心化区块链平台发展。

3.1.2　以太坊与比特币对比

同样作为公有链平台,以太坊在比特币的思想上进行了拓展,与比特币之间有着相似的地方,同时也有着与比特币迥异的特性。比特币和以太坊都是基于区块链技术的平台,在它们各自的区块链网络中,节点之间彼此对等而无特权,每一个节点既可以发起交易,又可以参与交易的验证。这些交易会由矿工进行验证并打包成区块,再通过全网广播和共识机制达成分布式账本的一致性。交易数据公开透明、不可篡改,记录在由许多区块有序连接而来的区块链中。

与比特币相比,以太坊初期主要在技术特点、共识机制和社区 3 方面有着不同之处。

(1) 在技术方面,以太坊最大的创新是提供了对智能合约的支持。不同于比特币系统仅对比特币流通的支持,以太坊上的用户可以通过智能合约自定义数字资产和流通规则,而以太坊则作为一个更通用的底层区块链平台为各类 DApp 提供运行环境支撑。另外,不同于比特币的 UTXO 模型,以太坊使用了账户模型,使得账户的状态可以实时保存到账户里,不需要回溯交易历史。通过燃料费(Gas)的设置,以太坊对合约指令执行进行限制,降低被攻击的风险。

(2) 在共识机制方面,以太坊采用了基于 PoW 的 Ethash 变种算法作为共识机制。首先,以太坊增加了叔块奖励,使得未被纳入主链而挖矿成功的区块也能有挖矿奖励,对矿工更加友好和公平。由于比特币价格的上涨,导致出现了强算力矿机和大型矿池的出现,这些都违背了比特币原本去中心化的理念。Ethash 在执行过程中需要消耗大量的内存,从而降低了强算力矿机在采矿中的优势,并减少受矿池攻击的风险。近年来,以太坊通过硬分叉升级将共识机制逐步变更为 PoS 机制,采用更高效的 Casper 共识算法,并计划通过 Danksharding 分片技术等技术提高网络的可扩展性。

(3) 在社区方面,以太坊社区相对于比特币社区更为活跃。以太坊社区成员积极探索新技术,多次召开讨论会议,对以太坊未来的发展路线进行规划,并按照既定路线对系统进行版本更新。到本书写作完为止,以太坊官方已有 227 个 GitHub 开源项目以及各种技术文档。活跃的社区生态促使以太坊在技术发展的过程中,以及可扩展性、安全性等需求增加时,更有迎接变化、拥抱未来的能力。

3.1.3　以太坊的特色与应用

以太坊的出现开启了区块链 2.0 时代——以智能合约为核心的可编程金融时代,所有的金融交易都可以在建立于区块链上的分布式应用中进行。在以太坊上,交易不只是加密数字货币的转账,还可以是智能合约的创建和调用。支持用户自定义和调用一些复杂的逻辑,面对各种不同的应用场景创建分布式应用,是以太坊区别于以往区块链平台的最大的特色。

作为以太坊的重要组成部分,智能合约本质上是一段可以根据预先指定的条件被触发执行的代码。其概念早在 1995 年被提出,但由于缺乏可靠执行环境而没有被推广使用。以太坊提供以太坊虚拟机(Ethereum Virtual Machine,EVM)作为智能合约的执行环境,并支持图灵完备的高级语言用于智能合约的开发,其中 Solidity 应用最为广泛。智能合约的编写可以定义各种变量和函数。在合约部署之后,系统会为部署的合约对象生成一个合约账户。用户通过向合约账户发送交易并指定调用的函数和参数,进行智能合约的调用。智能合约接收到交易请求,触发执行指定的代码逻辑,进一步产生新的交易。智能合约的执行过程和执行结果通过各节点达成共识,随同交易和账户状态存储在区块链中,一经确认,无法篡改。

基于智能合约,区块链技术从最初的加密数字货币流通扩展到了新的应用场景,如溯源存证、数字资产发行和流通、数据共享等。

(1)溯源存证。传统信息的存储通常采用纸质存储和单一数据库存储,信息丢失和数据伪造的风险较高。如纸质发票在流通过程中容易发生丢失的情况,也容易出现重复报销、金额篡改的可能,使报销单位遭受损失,而进行信息的核对和验证需要很大的成本。区块链的交易数据不可篡改、交易数据公开、分布式存储为传统的溯源取证带来了很大的方便。溯源取证数据可以以交易的形式存储在区块链中,用户简单地通过 DApp 接口对数据进行查询溯源,既方便快捷,又保证了数据的防伪可信。

(2)数字资产发行和流通。智能合约的出现使得用户可以按照自己的需要定义数字资产,实现任何形式的数字资产(如积分、股权、游戏币等)在区块链用户之间的自由流通。以太坊作为一个通用的区块链平台,为这些数字资产提供了公开透明的记录账本。

(3)数据共享。区块链数据的公开透明、多方验证、不可伪造的特性为用户提供可靠的信息共享环境,如征信黑名单信息共享、车辆设备之间的路况信息共享、联邦学习场景下的梯度共享等。每个区块链用户都有一份数据的备份,由一个区块链平台进行信息记录,特别是应用在跨组织的场景下,对共享的信息可信任性有所保障。

(4)目前,以太坊上的 DApp 多集中于金融交易、游戏等领域。表 3.1 展示以太坊上较为流行的 10 个区块链应用。

表 3.1　以太坊当前最流行的 10 个区块链应用

名　　称	类别	功 能 描 述
MakerDAO	金融	去中心化借贷应用
Chainlink	安全	去中心化预言机
KyberNetwork	交换	代币交换协议
Status	钱包	DApp 浏览器发行的代币

续表

名　　称	类别	功能描述
My Crypto Heroes	游戏	角色扮演游戏
Uniswap	交换	代币交换协议
Axie Infinity	游戏	宠物养成游戏
Synthetix	金融	去中心化合成资产平台
Basic Attention Token	钱包	Brave 浏览器的激励代币
Knight Story	游戏	角色扮演游戏

其中，MakerDAO 是成立于 2014 年的一款代币自动抵押平台，采用了稳定币 Dai 以及权益和管理代币 MKR 双币模式。Dai 通过超额抵押加密数字货币获得价值，而 MKR 在用户赎回抵押的 Ether 时会被销毁，从而用户持有的 MKR 会越来越值钱。通过 MakerDAO，用户可以实现价值存储、杠杆交易等多种功能。目前，MakerDAO 平台的累计交易额已高达 20 亿美元。

另外，一些基于区块链技术的应用也通过区块链技术对传统行业进行革新。比如，Brave 浏览器基于以太坊平台利用 Basic Attention Token 打造了一个去中心化、透明的数字广告平台。传统的网页广告行业由用户、内容商和广告商组成，但是这三者之间充斥着行为追踪和欺诈，即用户的隐私可能得不到保护，内容商可能通过虚假用户刷量来提升广告收入。面对这个问题，Brave 浏览器实现了基于区块链的广告投放，通过加密安全算法保护用户的隐私，让用户有选择地观看广告，并且使用代币奖励浏览广告的用户和优质的内容商。

◈ 3.2　以太坊基本架构及原理

一般，所有的账户、余额、智能合约代码、智能合约状态等统称为状态，在区块 N 执行前状态为 S，经过区块 N 的交易进行状态转换后，转换为状态 S'，再经过区块 $N+1$ 的转换后，转换为状态 S''，如图 3.1 所示。采用这一模型后，智能合约即是作用于该状态机转换的代码，在以太坊中，执行状态转换代码的虚拟机是以太坊虚拟机（Ethereum Virtual Machine，EVM）。

区块链上的智能合约需要在多个节点间保持执行过程和结果的一致。相比比特币的 UTXO 模型，状态转换模型虽然使得智能合约的各种变量存储、传参等变得更加灵活，但也带来了多方共识上的困难，如发生分叉时的处理。

在公有链上，由于网络的延迟，区块链的分叉是极为常见的。在比特币系统中，当发生分叉时，需要进行从一个分叉到另一个分叉的验证，重新计算回滚 UTXO 集合即可继续验证新区块。但是，在以太坊的状态转换模型中，如果发生分叉，需要回到分叉前的状态，重新验证另一条分支上的区块。如何快速回滚到分叉前的状态便成了难点。一种可

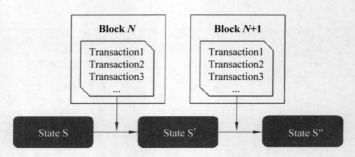

图 3.1   以太坊中的状态转换模型示意图

行的选择是将每个区块对应的状态独立复制存储,但是这将需要极大的存储空间和复制时间开销,是低效的做法。

在以太坊中,状态的存储采用了一种独立于区块链存在的树状结构,该状态树结构的树根登记在区块中,记为 stateRoot,从而使得状态能够在全网得到共识确认,并在分叉时能够快速回滚。

图 3.2 展示了以太坊的简易架构图,该架构包括以下几个基本概念。

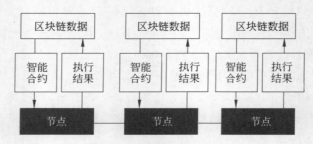

图 3.2   以太坊简易架构示意图

(1)区块链数据。在本章的余下叙述中,为了表示方便,将以太坊区块链及其状态数据、收据数据(将在下文中介绍)等,统称为区块链数据。该数据同样由前后相连的区块组成,每个区块中包含了区块头和区块体(即交易)。

(2)智能合约。智能合约是按一定预先设定的逻辑改变以太坊状态的代码,存储在以太坊状态数据中,由区块链交易进行触发,使得以太坊状态发生改变。

(3)节点。即保存有区块链数据的节点。每个节点独立地维护区块链数据、执行智能合约,并通过 P2P 网络进行通信,采用一定的共识机制(如工作量证明)达成共识,维护全网的状态一致。

需要注意的是,以上是便于读者理解的简易架构图,在具体的工程实现中,以太坊的组成更为复杂,本书将在后续章节中详细介绍。

如图 3.3 所示,下面以"张三买电影票"的例子介绍以太坊执行区块链交易的基本原理。

(1)网络中所有节点独立地维护区块链数据,这些节点可以是张三、李四、赵四、影院主管等人。

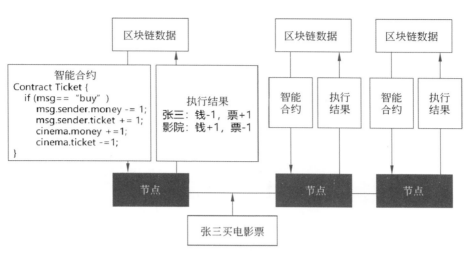

图 3.3　以太坊基本原理及例子

（2）每当有新的区块链交易（智能合约部署、调用等）产生时，各个节点会从各自冗余的区块链数据中读取智能合约代码、状态等信息，并独立地在以太坊虚拟机中进行执行。在这一例子中，"张三买电影票"的交易将会在所有节点中被验证。节点读出的智能合约代码如图 3.3 中所示，该 Ticket 合约首先将判断这一交易的动作，如果是买票，则把人的钱扣掉，增加一张票，同时把钱转给影院，并减去剩余的票数。再次强调，每个节点都会独立地完成这一校验和计算，也就是说，每个节点都会对张三买电影票这件事进行独立检验。

（3）以太坊虚拟机的执行结果将以某种方式写回到区块链数据中，以保证各个节点合约执行的强一致性。比如张三的余额、影院的余票等。每个区块中会保留一段摘要，这段摘要为执行完区块中交易后以太坊状态的 stateRoot，任一子状态的不同都将导致 stateRoot 的不同。如张三余额为 100 的 stateRoot 和张三余额为 99 的 stateRoot 是完全不同的，其详细原理将在余下章节中阐述。

（4）在智能合约执行的过程中，如果节点受到非法攻击或篡改，则执行结果及区块链数据将与网络中其他节点不符，无法参与到网络的下一步共识中。如张三控制的节点被张三篡改，使得他的钱不被扣除，那么他的执行结果输出的区块链数据将会和李四、赵四、影院的节点不符。由区块链的基本特性可知，张三篡改后的区块执行结果将不被承认、无法参与下一步共识。由此，以太坊智能合约可被认为是难以篡改的。

◈ 3.3　账户模型与转账

3.3.1　账户模型

比特币系统中采用了计算用户持有的 UTXO 方式来实现记录用户持有的比特币数额，而以太坊则采用了更为简单的账户模型来记录用户持有的以太币的数额。账户模型其实好比人们日常生活中常见的银行系统。如图 3.4 所示,一个银行里的每个储户所存的金额,本质上都是存储在银行账目中的一个数字,例如 Alice 在银行中存款 100 万元,Bob 在银行中存款 10 元。以太坊的账户模型基本上是一样的设计,只不过在以太坊系统中,对于用户账户的记录不再是由一个中心化的节点,比如银行来提供,而是将这个账户记录保存到所有以太坊的节点中,由整个以太坊的系统来确定记录用户的账户行为,整个过程是去中心化的。

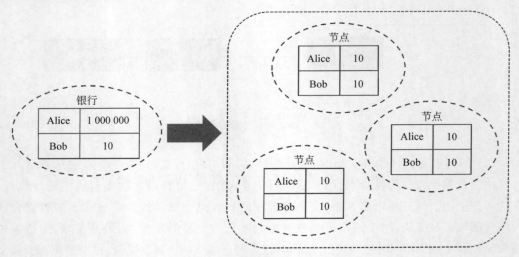

图 3.4 以太坊的账户模型

1. 地址与账户

与比特币系统类似的是,以太坊系统作为一个去中心化的系统,没有办法实现用户到密码的映射关系。因此,以太坊的用户同样是通过非对称密码学来进行认证和控制的。对于每一个私钥,可以计算得到这个私钥对应的公钥,进而可以使用公钥来计算得到私钥对应的以太坊地址。在以太坊中,地址是用户的一个身份标识,而账户代表了这个地址对应的信息,比如这个地址持有的具体的以太币数额。

在下文的例子中,有时候会使用 Alice、Bob 等称呼来指代用户,在实际的以太坊中并不存在这种特定的标识,而是以地址作为用户的标识。这里使用 Alice 等用户名是为了方便理解,实际中替换为对应的以太坊地址即可。

2. 地址的生成

从以太坊用户的公私钥到用户地址的计算过程相对比较简单,主要是经历了一次哈希算法。具体流程如下。

(1)计算椭圆曲线下的私钥与公钥。这里采用与比特币章节中一样的私钥与公钥作为例子。

```
7C7FC7CCECC1FEE3B3E4AC63ADD864BD786696C20CA15683A269AA9AD8639443(私钥)
FBD0A98CEF180CDAA3FC2B64A4CA56FBC8E8AF5CC74E820DA34EB9DAB0D46FF2E38587079
29D0A9BEACF5533C22BF02D34E0A6EE4F1A19C1CEAC4FC4251810A6(公钥)
```

（2）对公钥使用 KECCAK256 哈希算法，计算得到一个 64 位的十六进制哈希值（256 位）。

```
DDC0D707E349E9B726925710238661F085A338F04B0C7C956A796B57018151F0
```

（3）截取这个哈希值的最后 40 位作为一个以太坊地址。

```
238661F085A338F04B0C7C956A796B57018151F0
```

3. 账户结构

在以太坊中，用户账户结构保存了用户地址对应账户的数据信息，主要有这个地址持有的以太币余额（Balance），以及用于记录这个地址发起交易次数的计数器 Nonce，结构大致如图 3.5 所示。其中，余额记录了当前地址持有的以太币的数额，单位是 Wei，这是以太坊的最小货币单位，1 个以太币等于 10^{18} Wei。而 Nonce 值则是记录了这个地址创建以来累计发起的交易次数，每当从这个地址发起的交易得到确认之后，账户的 Nonce 值便会相应地增加。

图 3.5　账户结构

3.3.2　转账

以太坊的转账同样使用交易来进行，但是比起比特币更类似于日常生活中的转账行为。例如，图 3.6，Alice 向 Bob 转账 1 ETH，那么将会生成一个＜From：Alice，To：Bob，value：1 ETH＞的转账记录。当交易得到确认时，以太坊会在自己的存储数据中将 Alice 的账户金额减少 1 ETH，在 Bob 的账户中增加 1 ETH。

在这个过程中，交易＜From：Alice，To：Bob，value：1 ETH＞同样通过数字签名的方式来认证。交易的数据通过 Alice 的私钥进行签名之后会得到一个对应的数字签名。通过相应的签名验证流程，以太坊节点可以很容易地通过交易本身和对应的数字签名还原得到 Alice 的公钥值。通过以太坊的地址生成流程，可以通过 Alice 的公钥计算出

图 3.6　Alice 向 Bob 转账

对应的 Alice 的以太坊地址,如果交易受到篡改,计算通过交易哈希值和签名计算得到的地址便是错误的,也就是说,无法通过篡改 Alice 签名过的交易来攻击 Alice 的账户。

3.3.3　Nonce

在比特币中,交易一旦执行,交易的输入便会被花费而导致无法再次使用,但是在以太坊的模型中,交易的合法性检验在于转账发起者的账户余额,如果没有其他手段来使得发起过的交易失效,那么这个交易将可以被无限次地重新发起而不需要发起者的同意,因为发起者的签名对于交易始终是有效的。

如图 3.7 所示,Alice 发起交易 1 向 Bob 转账 1 ETH 后,这个交易＜From:Alice,To:Bob, value:1 ETH＞依旧是有效的,因为 Alice 的余额仍然是足够的。Bob 再次向以太坊系统提交这笔交易,那么 Bob 不需要获得 Alice 的再次签名便可以转账,因为原本的交易已经带有 Alice 的合法签名了。这种情况下,对于验证交易的节点而言,无法判断这笔交易的提交是 Alice 继续向 Bob 进行转账,还是在没有 Alice 同意的情况下进行的一次恶意的攻击行为。

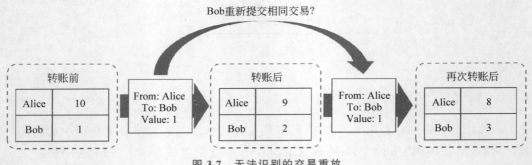

图 3.7　无法识别的交易重放

为此,以太坊系统增加了用于计算交易次数和序列的 Nonce 计数器,只有账户的 Nonce 和交易的 Nonce 能够对应的情况下,交易才是合法的。当一个交易执行完毕之后,账户的 Nonce 值便会增加。这时,原本执行完毕的交易中的 Nonce 值就无法与现在账户的 Nonce 值匹配,执行完毕的交易便失效了。如果修改对应的 Nonce 值,那么便意味着原有交易的签名失效,需要发起者的重新签名,这时候节点只要按照 Nonce 值和签名值就可以实现对交易的有效验证。

　　例如图 3.8 中,最初 Alice 向 Bob 转账之前,Alice 的 Nonce 值为 0,当 Alice 向 Bob 转账 1 ETH 后,Alice 的 Nonce 值变成了 1。这时,Nonce 值为 1 并且具有合法签名的交易 2 将会是一个合法的交易。而对于重新提交的交易 1 而言,此时的交易记录的 Nonce 值依旧为 0,即使这个交易具有合法的签名,也不应该认为是一个合法的交易。通过 Nonce 值的设计,可以有效地保证交易最多只能够被执行一次,从而避免了交易重放的攻击。

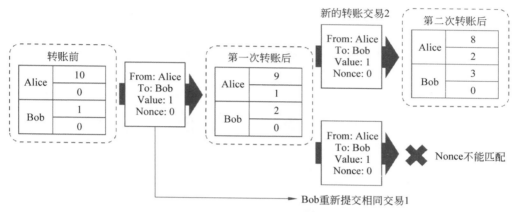

图 3.8　Nonce 值防止重复交易

　　除此之外,Nonce 值还能够用来控制账户发起交易的顺序,从而实现一些相对复杂的功能。例如,可以通过重复提交一个相同 Nonce 值的交易来使得一个已经提交但是尚未被确认的交易变得不合法,从而实现一定程度的撤销功能。

3.4　智　能　合　约

　　以太坊的账户模型的最大优点是简单。相比于比特币的 UTXO 模型,账户模型可以不用维护大量的 UTXO 数据,同时还能够很方便地扩展实现智能合约的完整体系,从而实现以太坊“世界计算机”的构想。这个扩展便是状态模型。

3.4.1　状态模型

　　在账户模型中,用户的余额通过地址上的账户数据来表示,具体为账户数据结构中的一个余额的数值。在转账交易的过程中,通过转账预先定义好的语义,以太坊会在发起者的账户中减去交易中定义好的转账金额,然后在接收者的账户中增加相应的金额。在这个过程中,涉及了发起者与接收者两个账户的余额变化。

　　如果把账户的余额和转账交易进一步抽象,那么可以把账户的余额泛化成一种账户的状态,而把转账交易当作是改变这种账户状态的一种方式。例如图 3.9 中,对于一个售票系统而言,当前的余票可以是一种状态,而售出可以是一种状态的变换规则;而对于一个签到系统而言,当前的已签到的集合可以是一种状态,而未签到者的签到可以是一种变换规则。

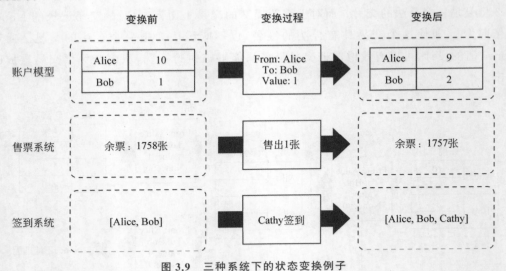

图 3.9　三种系统下的状态变换例子

可以看到,只要约定好的变换规则是固定的,不会产生二义性的结果,那么就可以不断地通过变换规则不停地作用到原有状态上产生新的状态。对于有着相同的初始状态的参与者来说,经过完全相同的变换过程,最后必然得到完全相同的当前状态。对于状态 0 按顺序执行交易 1 和交易 2,必然得到状态 2。这样一来,只要在所有参与者之间对变换过程,也就是执行的交易达成统一,那么对于当前的状态便可以达成一致的认识。

对于状态模型而言,原有的账户模型系统只是一个有限的子集,其中的状态和变换原语都是以太坊预先约定好的,也就是存储账户余额和实现账户转账。扩充完毕的状态模型不仅能够实现原有的账户和转账功能,还能够实现以太坊对于智能合约的支持。

3.4.2　智能合约简介

以太坊对于区块链技术体系的贡献有很多,但是最突出的贡献莫过于将智能合约引入区块链中,极大地丰富了整个区块链系统。简单地说,智能合约是一段在区块链上执行的代码,它依托于区块链系统在参与者之间实现对执行的一致认可。这里将会从原理与实现上简单介绍如何在以太坊的架构上运行智能合约的代码,具体如何编写、部署并运行一个可用的智能合约将在第 6 章里介绍。

1. 状态模型上的代码执行

可以把计算机程序执行过程中的变量等数据一同存储到区块链上,而交易的过程则是执行一段大家约定好的计算机程序。通过一次交易之后,这些存储的数据经过了这个交易规定好的代码的执行,发生了一些变化。那么,在整个流程中,这些存储的数据便是一个状态,而执行的代码便是一种特定的变换——这同样符合状态模型的语义。唯一需要规定的是这个执行的过程只能是一个单射,也就是对于当前的状态,不能够得到多种结果。更通俗地讲便是这段程序代码里面不能够出现类似于随机数的实现,因为随机数对于同一个输入得到的是不同的输出。

智能合约便是通过这种方式,利用提前约定好的代码来管理和变化存储在以太坊上的状态变量,利用智能合约的代码来自定义交易过程中的状态变换过程,从而在可以受到以太坊系统的参与者一致认可的条件下不断地执行和变化,实现所谓的"世界状态机"。

如图 3.10 所示,使用了状态模型来保存用户的个人信息,并且制定了 Grow 和 Rename 两种计算机的代码来进行状态修改。当第一次状态变换时,执行的是 Grow(1,1)这一个状态转移的过程,那么个人信息中的年龄和身高就会根据 Grow 的代码分别从原来的 20 和 178 变为 21 和 179,这便完成了一个自定义的状态和状态转换。同样,经过 Rename('Cathy')的调用之后,整个状态中的名称便由原本的 Alice 变成了 Cathy。最后,得到了一个<name:Cathy, age:21, height:179>的状态,或者说这就是智能合约这段代码对应的存储数据。

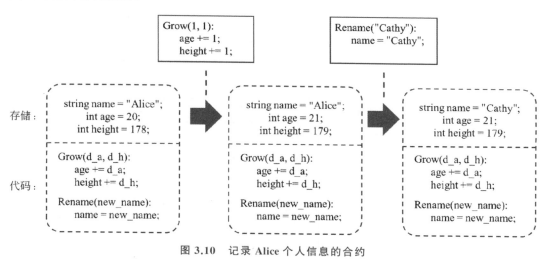

图 3.10　记录 Alice 个人信息的合约

2. 合约账户与数据存储

对于这样一个智能合约与状态的实体,以太坊同样使用了账户作为一个合约实例对象的抽象,它基本上是普通账户的扩展。这种表示合约的账户称为合约账户,它的地址并不是由公钥产生,而是通过特定的算法在创建合约时生成的。原本的表示用户余额的账户则被称为外部账户(Externally Owned Accounts),因为这些账户是受外部私钥控制的,由外部的用户操控。这里的外部是相对于以太坊运行机制而言的。

在以太坊中,合约账户的数据结构在外部账户的基础上,主要扩展了存储合约代码和存储合约状态的字段。合约的计算机代码通过机器码的形式保存在合约机器码的字段中,而合约的状态存储则是另外保存在一个存储的映射表中,账户的内部只保留了整个存储表的哈希值。如果存储表中的变量的数值发生了变化,那么对应整个存储表的哈希值也会发生变化,账户数据对应的合约存储字段也会发生变化。也就是说,通过数据表的哈希值可以记录账户状态的变化。

注意:由于合约账户并不由具体公钥和私钥进行控制,也就是说并不能从合约地址发起交易。这里的交易指的是记录到区块中的交易。在以太坊的设计中,合约账户可以在受到外部账户的触发后产生新的内部调用,一般被称为内部交易,即不体现在区块中,而是执行过程内部产生的交易。另外,随着以太坊账户抽象化的发展,这一特性可能会发生改变。

如图 3.11 所示,对于上述记录个人信息的合约,执行的 Grow 和 Rename 操作最终都会以机器码的形式来保存,而合约中记录的姓名、年龄和身高等变量,则分别保存在变量存储表 0x0000000、0x00000001 和 0x00000002 这 3 个位置上(实际上,存储位置和数据格式是由合约代码负责安排的,这里是简化情况)。最终,对整个变量存储表计算得到哈希值 0xb39a372c93a8b8b970e359a978fba643f94ac966c0d862e27da7770d8f485396,这个哈希值将会保存到合约账户中。

图 3.11 合约账户的数据存储与结构

3. 合约地址的生成

合约地址并不取决于外部的公钥,而是通过特定的算法计算得到。在以太坊中提供了两种生成合约地址的方法:一种是通过合约创建者的地址和 Nonce 计算得到;另一种是通过合约创建者地址、指定的初始化值和合约代码的哈希值计算得到。

对于创建者地址 0x238661F085A338F04B0C7C956A796B57018151F0 和对应的 Nonce 值 0, 序列化后的数据为 0XD694238661F085A338F04B0C7C956A796B57018151F080, 其中这个序列化的方法是以太坊自定义的 RLP(Recursive Length Prefix)编码格式。将序列化数据通过 SHA256 计算之后, 可以得到一个长度为 256 位的哈希值, 取最后的 160 位, 便可以得到新建合约的地址 0x5499F82BE656085c9636d85b559df2B17d5db33A。

由于创建合约的时候需要使用到 Nonce 值, 当出现合约创建合约的情况时, 创建其他合约的合约账户的 Nonce 值便需要改变, 不然这个合约账户每一次计算得到的新合约地址都是相同的。

对于第二种创建合约地址的生成算法, 则是变更哈希的输入参数为确定的已知值, 使得开发者能更好地确定部署合约的地址。

3.4.3　驱动智能合约

在状态模型的框架下, 以太坊的状态通过交易来改变, 智能合约的状态变化同样使用交易来实现。在整个合约的生命周期中, 所有的状态变换都是通过执行特定交易来实现的, 智能合约的每次运行都是通过交易来驱动的。

1. 调用合约

在一次交易中, 以太坊按照事先的约定执行智能合约的代码, 最后得到运行的结果, 比如修改了某些合约的数据。其中, 智能合约作为交易的接收方, 按照交易发起者指定的函数和参数进行执行。这个过程与计算机程序中的调用过程并无太大差异, 这些接收者是合约账户地址的交易, 因而也被称为合约调用。

为了实现调用过程中指定智能合约的不同函数以及携带函数的参数, 以太坊在交易中加入了 data 字段用于存放这些数据。在现有的合约二进制接口规范(Application Binary Interface, ABI)约定中, 编译时使用函数名与参数类型构成的字符串的哈希值作为调用过程中函数的索引, 调用函数需在这个哈希值的后面附上经过序列化编码的参数。

如图 3.12 所示, 如果要调用上述信息合约中的 Grow 函数, 首先要知道合约账户所

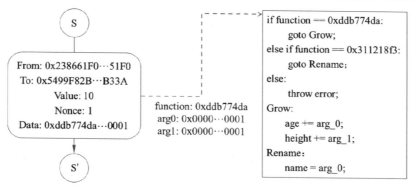

图 3.12　智能合约的调用

在的地址,其次还需要知道被调用的合约函数,Grow 包括参数类型的形式为 Grow (int256,int256)。然后计算这个字符串 SHA256 哈希值并取前 64 位,也就是 0xddb774da。于是可以构造一个交易的 data 为 0xddb774da0000…00010000…0001,其中 0xddb774da 便是要调用的函数,而 0x0000…0001 和 0x0000…0001 都是 256 位的参数,也就是进行了 Grow(1,1)这样一个函数的调用。

2. 创建合约

从前面的账户结构上知道,智能合约的代码也是存储在账户之中的。账户中的代码从无到有同样也是一种状态的变化,同样可以通过发送交易来实现将代码存储到以太坊的合约账户中,这个过程便是合约的创建,也称为合约的部署。

然而,发送交易时,当然不会有合约账户地址和合约账户,更不要提有可以被执行的智能合约代码。为了解决这个问题,以太坊专门特殊化了创建合约的交易,做了以下两点特殊化的处理。

(1)创建合约的交易没有接收地址,交易中的 To 字段始终为 0。同样地,对于一个接收地址为 0 的交易,以太坊都会认为是一个创建合约的交易。然后,在检查交易无误之后,以太坊会根据发送者的地址和 Nonce 值来计算出这个交易创建的合约的账户地址。

(2)交易的 data 字段不再是作为执行过程中的参数,而是直接运行交易 data 字段中的内容。也就是,创建合约时,需要将合约的代码和一些初始化的代码放到交易的 data 字段中,经过运行之后便可以得到合约的初始状态。

3. 停机问题与 Gas

以太坊的状态模型很好地契合了智能合约的运行,但还是存在一个很严重的问题。如果一个交易调用的智能合约存在死循环的话,那么这个交易的执行将不会停止,这对于整个以太坊系统来说是一个严重的打击。然而,对于一个计算机程序,或者说是一个图灵机而言,任何人都不能判断它是否能够在有限的时间内结束运行——这便是非常著名的停机问题。英国科学家图灵(Alan Mathison Turing)在 1936 年便证明了停机问题是不可解的。

为了规避不可能实现的停机问题,以太坊使用了 Gas 机制来保证智能合约能够在有限时间内能够终止。可以把通过 Gas 实现停机的想法类比成汽车的运行。对于一个不需要燃油的永动车和永不疲倦的超人驾驶员来说,不知道它何时会自己停下来。然而,对于现实中的汽车而言,只要汽车在不停地开动,就会每时每刻消耗燃油。由于携带燃油是有限的,那么汽车能够运行的时间必然有一个上限,最坏的情况也就是消耗完所有的燃油。

同样地,以太坊智能合约运行的每一个操作(例如计算、存储等)都规定了需要消耗的 Gas 的数值,并要求交易的发起者预先支付 Gas 额度。每次运行智能合约代码时,每一步操作都会消耗掉一些预先支付的 Gas 值,直到交易中预支付的 Gas 额度被消耗殆尽。这样一来,交易中预支付的 Gas 值可以为将要执行的智能合约逻辑设置好一个确定的时间上限,而不会存在永不停机导致以太坊无法继续运行的安全问题。

4. 以太坊虚拟机

然而,除了停机问题外,智能合约的代码以何种格式存储和运行也是一个必须考虑的问题。对于去中心化的网络来说,参与的节点类型可能各有千秋,使用高级语言可能导致不同的执行结果,而直接使用机器码又会跟特定架构相关,折中的办法便是使用统一的虚拟架构和机器码。为此,以太坊引入了自己的虚拟机 EVM(Ethereum Virtual Machine)和相关的机器码。

EVM 是一个 256 位的栈虚拟机。其中,256 位,是指执行过程中的数据宽度是 256 位,相比之下普通的 x86 或者 ARM 架构通常是 32 位或者 64 位;栈虚拟机,是指 EVM 的执行流程基于一个栈结构,所有的指令都是操作栈顶的数据。

通常,开发者会使用类似于 Solidity 或者 Vyper 这些上层的高级语言来编写智能合约的代码,然后将其编译成 EVM 能够识别的机器码指令,最后才能够在以太坊的平台上使用 EVM 执行。

◇ 3.5　以太坊交易

3.5.1　交易内容

在以太坊中,交易承载了账户转账和创建、调用合约等功能,数据的内容更为复杂,大体上可以粗略地分为 3 个部分,即基本的交易、驱动的智能合约和交易的签名,更为详细的属性如下。

(1) From:交易发送者的地址。发送者地址可以通过合约的签名信息<r,s,v>计算得到,实现上交易的数据结构中并不会存储发送者地址。

(2) To:交易接收者的地址。在进行转账时是接受转账金额的地址,在创建合约时设置为空,也就是 0x0000…000,在调用合约时则是合约的地址。

(3) Value:交易的金额,单位是 Wei。Wei 是以太币最小单位,常说的 1 以太币是单位 Ether,1 Ether $=10^{18}$ Wei。

(4) Data:交易附带数据,传递创建合约的代码和构造函数,或调用合约的函数及参数。

(5) Nonce:交易发送者累计发出的交易数量,用于区分一个账户的不同交易及顺序。

(6) GasPrice:发送者支付给矿工的 Gas 的价格,用于实现从 Gas 到以太坊货币单位的转换,从而计算使用的 Gas 的总价格。

(7) GasLimit:该交易允许消耗的最大的 Gas,用于解决智能合约不能停机的问题。

（8）Hash：由以上字段生成的哈希值，也作为交易的 ID。

（9）r、s、v：用于 ECDSA 验证的参数，由发送者的私钥对交易的哈希做数字签名生成，用于确认转账的合法性。

注意，交易本身不携带时间戳（Timestamp）属性，一般属智能合约开发者会以交易打包进区块的时间戳作为其执行时获取的时间戳。

3.5.2　交易费用

Gas 机制不仅可以保证合约停机，同时可以对交易执行的成本进行归一化计算，以太坊中通过 Gas 进行计算交易的费用。以太坊的 Gas 机制有以下 4 个主要的概念。

（1）Gas：以太坊中资源消耗的基础单位。

（2）GasLimit：允许消耗的最大 Gas 值。

（3）GasUsed：执行后交易消耗的 Gas 值。

（4）GasPrice：用户为消耗的每个 Gas 单位支付的以太币。

在交易的执行过程中，每笔交易都带有基础 Gas 消耗值，用户在创建或调用智能合约的过程中，对以太坊虚拟机的不同操作都将消耗不同值的 Gas，基础的交易 Gas 值加上以太坊虚拟机运行时的 Gas 消耗值，即构成了交易的 GasUsed。

交易的 GasUsed 是实时计算的，即以太坊虚拟机的每步操作都将计算累积一次，如果交易的 GasUsed 超过了用户定义的 GasLimit，则判定为 Gas 不足，交易执行失败。交易执行完成后，将得到交易的 GasUsed 乘上 GasPrice，即为用户该笔交易应付的手续费，这一手续费从交易发起账户扣除，加到区块 Coinbase 账户中。换言之，挖到区块的节点除了得到区块奖励外，还将得到运行以太坊智能合约的手续费。同样地，区块中也带有 GasLimit 和 GasUsed 字段。

但是，Gas 机制也存在一定的弊端。以太坊虚拟机的每个操作的定价是以太坊社区的开发者决定的，定价的合理性也时常受到质疑。在以太坊 200 多万的区块高度上，曾经出现过针对 Gas 定价不合理的攻击。然而，在去中心化的网络中要测量某段代码的软硬件资源消耗，还要保证这一测量方法为大众所容易知晓和认可，本身就是较为困难的，Gas 机制经过以太坊社区的不断调整，也不断地在朝合理的方向优化。

3.5.3　交易的周期

如图 3.13 所示，为了便于读者理解，这里将以太坊交易在网络中的周期分为发起、广播、打包与执行、验证与执行 4 个阶段。

1. 发起

用户在本地的以太坊钱包软件中选择要发送交易的地址（From），输入目标地址（To）、金额（Value）、是否部署或调用合约（Data）、手续费单价（GasPrice）等，确认发送至以太坊节点，节点和钱包可以是同一台物理服务器，也可以是分离的，即多个用户各自保

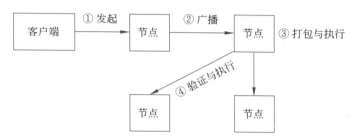

图 3.13　以太坊交易的周期

有钱包私钥,而通过同一个以太坊节点广播交易。

一般,以太坊钱包软件将自动为用户得出交易所需的燃料上限(Gaslimit),并给出用户地址对应的 Nonce 值,最后使用私钥得到 r、s、v,最终将交易序列化后发送到网络中。而在部分客户端中,Gaslimit 与 Nonce 也可以是用户自定义的。

2. 广播

节点收到(或自己发起)交易后,会对交易进行验证。验证的内容包括:交易的签名、交易的发起账号的余额是否能支付转账金额与手续费、交易的 Nonce 值是否为账号已发出的交易数等。节点验证交易为合法交易后,将交易加入节点的交易池中。

交易池中存储着待打包的交易,交易经过验证并暂存到交易池的这一过程对区块链的数据结构本身没有影响。受限于节点资源,节点可暂存的待打包交易数量通常是有限的,一般可在启动以太坊程序时配置这一交易池数量的最大值。

节点验证交易通过后,除了加入节点的交易池中,还会根据 P2P 网络广播的策略向相邻节点继续广播该交易。

3. 打包与执行

交易进入内存池后,具有挖矿功能的全节点,开始打包下一个区块。一般情况下,节点从自身利益出发,会将交易池中的交易按 GasPrice 取出具有较高手续费的交易。在少数情况下,也存在部分节点只打包自己发起的交易的情况(如一些矿池提供商或交易所服务商的节点)。

节点将交易打包时,将对交易进行逐个执行,一般可以根据目标地址(To)值的不同,将交易分为以下执行类型。

(1) 创建合约交易。To 为空的交易。对于创建合约交易,EVM 将会根据 From 值及 Nonce 值生成合约地址,执行 Data 中对应的智能合约代码(包含合约本身及其构造函数的代码),并最终将合约 EVM 代码存储到合约地址中。

(2) 调用合约交易。To 为合约账户的交易。对于调用合约交易,EVM 将从世界状态中获取 To 地址中存储的 EVM 代码,并执行交易的 Data 字段中包含的代码。一般,To 地址中存储的是合约本身,而 Data 中则包含了调用合约的相应函数及其参数。本质上来说，对合约的调用是对合约状态的修改。

（3）普通转账交易。To为人控制的账户（也称为外部账户）的交易。这一交易的执行则是直接将以太币金额从From转到To。

每笔以太坊交易都是对以太坊状态的修改，而在每一笔交易执行后，会生成交易的收据，其中带有新建的合约地址、消耗的Gas总量、交易生成的事件日志（称为event或log，将在第6章中详细介绍）等。在所有需要打包的交易执行后，交易、状态和收据的信息也会打包到区块中。记账节点在打包交易并获得合法的区块后，将区块（包含交易数据）广播到网络中的相邻节点。

4. 验证与执行

没有获得记账权的节点，即未打包区块的节点，在收到广播的区块后，将对区块进行合法性的验证，并进行交易的执行。验证的内容与执行的过程与2、3中的相同，目的是保证智能合约执行的去中心化。

注意：在实际的通信中，即网络中节点互相传播的交易的原始报文中，并不需要包括Hash和From，因为Hash可以根据交易本身内容得到，而From实际是通过结合r、s、v等综合计算得到的。而交易Nonce值的存在及验证，则是为了保证交易发送者能够控制交易的确认顺序，因为在P2P网络中交易可能是乱序到达节点的。

在以太坊主网的发展过程中，社区又提出了EIP1559机制，对Gas计费机制进行了更新。但是，采用以太坊虚拟机作为底层组成的其他区块链（包括多种公有链、联盟链），对该机制的采纳态度不一，且该机制也引发了较大争议，在未来也可能面临更新。因此在本书中，不对该机制进行过多叙述，感兴趣的读者请自行查阅社区文档。

◆ 3.6 数据结构与存储

3.6.1 区块与叔块

以太坊的区块同样是打包成一批执行的交易，它的数据结构同样分成了区块头和区块体。如图3.14所示，区块体中除了交易组成的交易列表之外，还保存了由交易执行信息组成的收据列表，以及用于改进以太坊共识过程的叔块列表。对应地，区块头中则增加了收据列表和叔块列表对应的哈希值，以及用于记录以太坊状态的状态根（State Root），此外还有一个最长不超过100KB的额外数据，可以在挖矿时填入自定义的信息。

1. 世界状态

由于以太坊使用了状态模型，在区块中除了保存交易列表之外，还附带了当前区块中交易执行结束状态相关的信息。我们知道，在以太坊中账户内部存在着各自的状态，它们在特定交易下发生变化。如果将以太坊中所有存在的账户的状态全部汇总到一起，就可

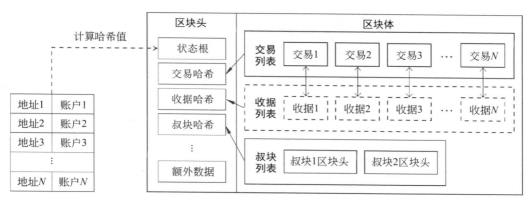

图 3.14　以太坊的区块

以得到一个全局的状态，它也称为世界状态。在区块头中，保存了对世界状态的一个信息摘要，也就是状态的哈希值。这个状态的哈希值在区块头中被称为状态根，这是因为状态根的计算是通过一个特殊的树状哈希数据结构来实现的，计算出来的哈希值处于这种树状哈希结构的根。

2. 叔块

以太坊定义了不在主链但被主链区块记录的满足难度的区块，这些区块称为叔块（Uncle Block）。一个叔块虽然不是主链的一部分，但也是合法的，只是其被发现得晚些或者网络传输慢些，导致其没能进入主链。叔块的设计是为了在尽可能减少两个相邻区块产生时间的条件下，尽量收缩和统一整个区块链的主链，同时通过叔块的激励来维护矿工的积极性。

如图 3.15 所示，创世区块后产生了三个分叉，其中中间的分叉被选为主链，其他两个区块可以被后继的区块当作叔块，被纳入主链中，获得一定的收益补偿（上面的区块获得7/8 的区块奖励，下面的获得 6/8 的区块奖励）。其他矿工在打包区块时，可以自主地选择合法的 0～2 个叔块打包到新区块的区块头。同时，在以太坊的拜占庭硬分叉（Byzantium Fork，以太坊主链的一个重要升级）之后，拥有叔块的区块在进行难度计算时会有更多优势，进而在主链选举上有优势，进一步提高矿工纳入叔块的积极性。

3. 收据

收据是对应交易的数据结构，代表了交易执行的一些中间状态的写入和交易的执行结果等信息。以太坊的智能合约可以向虚拟机输出一些执行日志，这些日志就会被保存在收据之中。此外，收据中还会保存智能合约运行的 Gas 信息，以及单个交易执行完毕后以太坊的状态根。在交易的接收者是空，也就是交易创建智能合约时，如果执行成功还会把新建合约的地址写到收据中。

注意：对于一个以太坊节点来说，收据完全可以通过执行对应的交易来得到。因此，

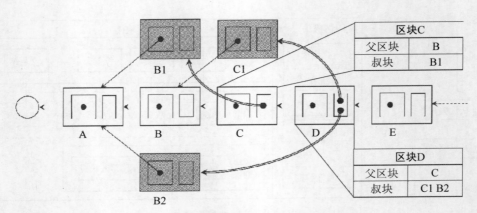

图 3.15　以太坊的 GHOST 和叔块（灰色）结构

收据的保存通常是额外的部分，不保存收据并不影响区块的完整性。所以进行网络传输时，以太坊的区块的数据结构里面并不会包含收据列表。当然，如果对于已经接受并执行的区块，节点通常会把得到的收据保存起来，以方便下次直接获取收据。

3.6.2　Merkle Patricia Trie

在每个区块头中，以太坊都要对全体地址和账户的哈希值进行计算，得到一个世界状态的状态根。如果直接把整个地址到账户的映射表拼接成二进制进行哈希计算，整个过程的开销将会十分巨大——单个区块中的全部交易可能仅仅改变了几十个账户中的状态，但是节点仍然要重新遍历数万甚至数千万的账户来计算状态根，而这仅仅只是单个区块的情况。可以说直接计算哈希值是非常不现实的设计。

在比特币中，默克尔树（Merkle Tree）用来组织交易列表计算哈希值，它可以在更改列表元素的情况下快速重新计算哈希值。然而，对于以太坊全体账户这种映射表的结构来说，默克尔树的能力还是稍显不足。假如使用账户地址作为列表的下标，那么潜在的列表长度是 2^{160}，因为以太坊地址的长度是 40B（160b）。那么，这个长度为 2^{160} 的列表构成的默克尔树将会非常大，总共具有 2^{161} 个节点（其中，叶子节点和中间节点各 2^{160} 个），这根本是不可能存储的数据量。

因此，以太坊中使用了 16 叉压缩前缀树（或者称为基数树，Radix Tree）作为地址到账户的一个索引，然后利用默克尔树的思想对每一层节点合并计算所有子节点的哈希值，最终得到一个根哈希值。这种新的数据结构被以太坊官方称为 Merkle Patricia Trie，简称 MPT，也有极少数非正式的翻译为默克尔帕特里夏树。MPT 兼具了默克尔树和压缩前缀树的优点，它不仅可以实现有效的哈希证明，也能够实现修改叶子节点数据后快速重新计算哈希值，还能够很好地对数据进行索引，能够更快地根据地址查询对应的账户，很符合以太坊状态模型的实际需求。

有意思的是，Patricia Trie 原本是指基数为 2 的压缩前缀树，然而在很多场景下它被等同于压缩前缀树。而 MPT 实现中的 16 叉压缩前缀树的基数为 16，事实上并不是严格意义上的 Patricia Trie。

1. 压缩前缀树

压缩前缀树,是指由公共前缀组成的一棵字典树,其实这种概念由日常生活中的查字典抽象而来。假如要在字典中搜索 Alice 这个单词,会先在字典中查找 A 开头的所有部分,然后进而查找 Al 开头的部分,最后找到单词 Alice,而 Airline 和 Airplane 同样也是 A 打头的单词,同样也会在 A 的部分里面,但是第二步查找的将会是 Air。压缩前缀树的原理也类似,将共同前缀的部分组成一个子树,然后随着层级向下逐层细分,例如上述的例子可以构成一棵如图 3.16 所示的压缩前缀树,对于 Alice 的查找只要沿着分支不停地往下搜索即可。

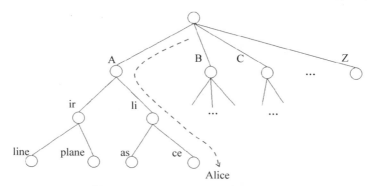

图 3.16　4 个单词构成的压缩前缀树

2. MPT 的构建

如果把单词和箭头都换成哈希值,然后计算每个中间节点的哈希值,那么便得到了 MPT。

首先,按照所有数据的地址(或者键值)来构建一棵压缩前缀树。由于地址是以十六进制为编码的,这时候不是使用 a~z 来构建压缩前缀树了,而是使用 0123456789abcdef 这 16 个字符作为每一个编码的单元,每个单元的大小刚好是 4 位,也就是半个字节,以太坊中使用了半字节(Nibble)称呼这样一个单位。

然后,按照构建得到的压缩前缀树,从叶子节点开始,逐步计算每一层的哈希值,并将其汇合到父节点中,这一步与 Merkle Tree 的计算过程是类似的。

如图 3.17 所示,对于数据 1 来说有哈希值 0xabc1,可以按照如下步骤进行计算。

(1) 首先计算叶子节点的哈希值,即空前缀加上数据 1 的哈希值,得到哈希值 $H1 = H("" + 账户 1 的哈希值)$。H2、H3、H4 的计算与此类似。

(2) 计算父节点的哈希值。将前缀和子分支的哈希值一同进行哈希运算,得到哈希值 $H5 = H(bc + H1 + H2 + "" + \cdots + "")$,注意其他子分支不存在,值都是空,即省略号指代的部分。同样地,哈希值 $H6 = H(b + H4 + "" + \cdots + "" + H3 + "" + "" + "")$。

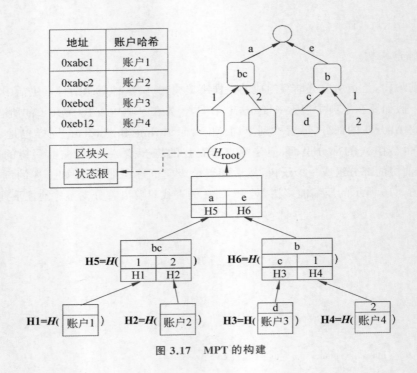

图 3.17　MPT 的构建

（3）逐层计算得到根哈希值 H_{root}。这里根哈希值 $H_{root} = H($ "" ＋ "" ＋ … ＋ "" ＋ H5 ＋ "" ＋ … ＋ "" ＋ H6 ＋ "" ），注意到这个节点的公共前缀为空。

3. 状态树

以太坊的状态树用来记录各个账户的状态，包括普通账户与合约账户，树的键是账户地址，值是账户的详细信息。由于账户的查询很频繁，每个账户的每笔交易都会引起Nonce、余额的改变，并且如果是合约账户的话每次调用也往往会引起存储状态的变化。

如图 3.18 所示，当前区块的世界观中有状态为 A、B 和 C 三个账户，经过交易 T 之后，账户 C 的状态变成了 C′，那么下一个状态树的根为 S′，便将交易 T 和状态树根 S′ 记录在下一个区块中。

4. 合约存储树

合约账户下的存储也是一个映射表，它记录了从存储地址到存储值的一个映射关系。在合约账户的数据结构中存储了这个映射表的哈希值。在以太坊中，这个存储映射表的哈希值称为存储根（Storage Root），它同样是由一棵 MPT 来维护和计算。由于合约存储空间中一个存储单元大小正好是 256 位，因此在计算这棵 MPT 的叶子节点时可以不用再求一遍数据的哈希值，而是直接使用同等长度的单位存储数据作为计算即可。

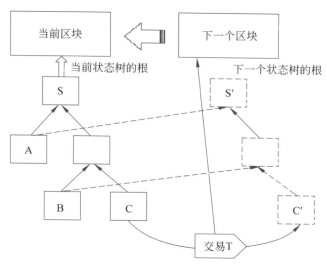

图 3.18 以太坊中状态树的变换

5. 交易树和收据树

与比特币中的 Merkle Tree 类似,对于区块中的所有交易和交易对应的收据,都可以使用 MPT 进行组织和证明。但是与状态树不同的是,交易树和收据树的 MPT 的构建不再是通过账户地址来进行,而是通过交易或者收据在区块中的序号来构建 MPT。通过交易树和收据树,以太坊可以实现对交易或者收据的快速查找和证明,提供类似于比特币中 Merkle Tree 的各种功能。由于交易列表或者收据列表中的序号是连续的,MPT 的压缩前缀没有起到作用,数据结构上等价于一棵 16 叉的 Merkle Tree。

3.6.3 布隆过滤器

以太坊中还通过布隆过滤器(Bloom Filter)对收据的日志进行索引。布隆过滤器可以用于检索一个值是否在一个集合中。在容忍一定的误识别率的条件下,它有着远超过一般算法的空间效率和时间效率。布隆过滤器的原理在于,通过多个哈希函数将键值映射到位图中,并在位图中合并集合中所有键值的映射结果。对于一个键值,如果经过同样的哈希函数映射之后,出现了在位图中没有出现的标记位,那么这个键值必定不存在于集合之中。以图 3.19 为例,日志地址 Y 的哈希运算出现了新的标记位(在进行哈希方式 B 之后),那么日志地址 Y 必然不存在于原有 4 个日志地址之中。但是需要注意的是,即使不会出现新的标记位(比如日志地址 X),它也不一定存在于集合之中,这时候需要进一步地搜索。

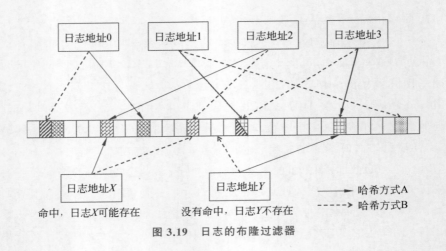

图 3.19　日志的布隆过滤器

3.7　课　后　题

一、选择题

1. EVM 是一个(　　)位的栈虚拟机。

　　A. 64　　　　　　B. 128　　　　　　C. 256　　　　　　D. 1024

2. 以太坊使用的交易模型是(　　)。

　　A. UTXO　　　　B. 账户模型　　　C. 数据库模型　　D. 以上都不是

3. 以太坊使用的序列化方法是(　　)。

　　A. PROTOBUF　　　　　　　　　　B. JSON

　　C. RLP　　　　　　　　　　　　　D. ZIP

4. 以太坊交易字段中(　　)是用来区别同一用户发出的不同交易的标记。

　　A. Input　　　　　B. From　　　　C. Value　　　　D. Nonce

5. 关于以太坊用户地址说法正确的是(　　)。

　　A. 不可能重复,因为是机构发的

　　B. 可能重复但概率很小

　　C. 不可能重复,因为生成地址需要用户身份信息

　　D. 可能重复,因为地址是用户自定义的

6. 当前以太坊使用了(　　)叉压缩前缀树,作为地址到账户的索引。

　　A. 2　　　　　　　B. 4　　　　　　C. 8　　　　　　　D. 16

7. 关于以太坊的匿名性,说法正确的是(　　)。

　　A. 交易时需要知道对方的身份信息　　B. 地址的生成需要联网

　　C. 中心化交易所交易不是匿名的　　　D. 以上都不对

8. 以太坊中一笔交易发送出去后(　　)。

A. 只能联系矿工撤销

B. 只能发送同一个 Nonce 值的交易来替代

C. 只能发送 Nonce＋1 的交易来替代

D. 只能给更高的手续费撤销

9. 以太坊用户创建合约时应向( )发送交易。

A. 生成的合约地址　　　　　　B. 以太坊官方地址

C. 空地址　　　　　　　　　　D. 自己的地址

10. Alice 给 Bob 转了 1 个 ETH,那么为他们记账的是( )。

A. 以太坊官方维护团队　　　　B. 矿工

C. Bob　　　　　　　　　　　D. 数字货币交易所

二、填空题

1. 在以太坊中,交易承载了账户转账和创建、调用合约等功能,数据的内容更为复杂,其中_____表示交易发送者累计发出的交易数量,用于区分一个账户的不同交易及顺序。

2. 以太坊中通过_____对收据的日志进行高效查询。

3. 与比特币相比,以太坊的一大创新是提供了_____,且它是图灵完备的。

4. 以太坊系统中,用于限制该交易允许消耗的最大的 Gas,也用于解决智能合约不能停机的问题的参数是_____。

5. 以太坊定义了不在主链但被主链区块记录的满足难度的区块为_____。

6. 以太坊用_____来保证智能合约能够在有限时间内终止。

7. 对于一个接收地址为_____的交易,以太坊都会认为是一个创建合约的交易。

8. 以太坊外部账户由用户用_____控制。

9. 以太坊的合约账户包括四个字段：Nonce、账户的余额、合约代码、_____。

10. 以太坊虚拟机的主要作用是_____。

三、简答题

1. 以太坊的一笔交易主要包含哪些信息?

2. 什么是以太坊虚拟机? 该虚拟机是基于什么结构的?

3. 为什么以太坊要有状态根 stateRoot?

4. 以太坊中的三棵树的作用是什么?

5. 以太坊中账户的 Nonce 值和区块的 Nonce 值有什么区别?

6. 以太坊与比特币有什么共同点和不同点?

7. 用户在以太坊中发出一笔交易后,在交易被真正确认前,可以如何反悔?

8. 简单介绍以太坊交易的周期。

9. 以太坊中叔块的作用是什么?

10. 以太坊中外部账户和合约账户的区别是什么?

区块链网络层

区块链网络层包含了区块链系统的组网方式、消息传播机制和数据验证机制。通过点对点(Peer to Peer,P2P)的组网方式以及特定的消息传播协议和验证机制,网络层为区块链系统提供了一个开放、对等的底层环境。本章将介绍区块链系统网络层的设计原理,以带领读者认识区块链底层网络架构的设计。区块链系统使用了P2P网络作为底层网络架构。因此,本章将首先介绍P2P网络及其分类,接着分别对比特币、以太坊网络层的节点类型和节点通信原理进行详细介绍,最后介绍网络层上存在的一些安全问题。

◇ 4.1 P2P 网 络

我们先来回答"什么是P2P网络"以及"为什么使用P2P网络作为区块链系统的底层网络架构"这两个问题。

目前,无论是学术界还是工业界,都没有对P2P技术给出一个统一的定义。有的学者认为P2P网络是允许计算机互连及直接传输文件的互联网[3],有的学者认为P2P网络是一种能实现分布式计算内容共享和协作三种类型应用的计算模型[4]。Intel将P2P技术定义为"通过系统间的直接交换达成计算机资源与信息的共享"。IBM则将P2P定义为由若干互连协作的计算机构成并具备如下特性之一的特殊系统:系统依存于边缘化设备的主动协作;每个成员能直接从集体成员的参与中受益;每个成员同时扮演客户端和服务器的角色;系统应用的用户能意识到彼此的存在而构成一个虚拟或真实的群体。虽然这些定义稍有不同,它们都反映了P2P网络中节点彼此对等,既作为服务和资源的提供者,又作为服务和资源的获取者的特性。在P2P网络中,对等节点通过共享它们拥有的一部分资源来共同提供网络服务,并可以被其他对等节点直接访问而无须经过中间实体。

P2P网络具有强大的可扩展性、健壮性,也能实现网络的负载均衡。传统的客户端/服务器架构非常依赖中心服务器,如果中心服务器出现负载过大等问题,整个系统会出现运行瘫痪的情况。相比之下,P2P网络中的所有对等节点都可以提供带宽、存储空间，以及计算能力等资源。随着更多节点加入网络，系统整体的资源和服务能力也能同步地得到扩充，因而 P2P 网络更为可靠和稳健。同时，由于 P2P 网络的资源分布在多个节点上，可以实现网络的负载均衡。在区块链系统的 P2P 网络中，节点是信息的发送方和接收方，它们共同维护区块链，保证了区块链系统的去中心化和可靠性。而区块链节点的分布式、自治性、开放性，本身也需要依靠去中心化的 P2P 共识网络来实现。因此，区块链的底层网络架构正适合采用 P2P 网络。

P2P 网络主要有 4 种常见的拓扑形式：中心化拓扑（Centralized Topology）、全分布式非结构化拓扑（Decentralized Unstructured Topology）、全分布式结构化拓扑（Decentralized Structured Topology）、半分布式拓扑（Partially Decentralized Topology）。本节将依据 P2P 网络的拓扑形式对 P2P 网络进行分类介绍。

4.1.1　中心化拓扑

中心化拓扑的 P2P 网络是第一代 P2P 网络，它由一台中心索引服务器和多个客户端节点构成，并非纯粹的 P2P 网络。与其他架构（如客户端/服务器架构）的中心服务器不同的是，中心化拓扑的中心索引服务器用于保存接入节点的地址信息，向其他节点提供地址索引服务，而其他架构的中心服务器会提供所有服务。

经典的案例是著名的 napster 音乐共享软件。如图 4.1 所示，napster 系统的中心索引服务器会登记接入节点的信息，当一个用户需要查找某个音乐文件时，首先需要通过中心索引服务器对音乐文件进行检索，得到拥有该音乐文件的其他用户的信息，接着可以依据检索结果直接连接到资源拥有者，实现文件传输和共享。

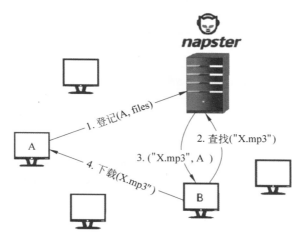

图 4.1　中心化拓扑的资源查询（以 napster 系统为例）

中心化拓扑实现了文件查询和文件传输的分离，且维护简单，对小型网络而言有一定的管理和控制优势。在文件查询时，所有的查询工作依赖于中心索引服务器，可以实现高效并且复杂的查询，资源发现率高。在文件传输时，不需要通过中心服务器，而直接通过网络中的对等方传输资源,有效地节省了中央节点的带宽,缩短了系统文件的传输时延。但是,随着网络的不断扩大,其扩展性也非常有限。同时,由于所有的查询工作依赖于一台中心索引服务器,一旦中心索引服务器发生了故障,就会导致整个网络无法正常工作。

4.1.2　全分布式非结构化拓扑

全分布式非结构化拓扑的 P2P 网络没有使用中心索引服务器,其节点拥有真正的对等关系,并通过与邻居节点的通信接入网络。全分布式非结构化拓扑采用随机图的组织形式,利用基于完全随机图的洪泛(Flooding)进行数据广播,即节点会将接收到的消息向邻居节点转发,直到所有节点都接收到了这个消息或消息传播的深度到达一定的限制。一般,会通过设置消息的存活时间(Time To Live,TTL)来控制消息传播的深度。图 4.2 展示了一个全分布式非结构化拓扑上资源查询的示例。首先,节点会根据资源关键字向邻居发送查询请求,如果它的邻居拥有这种资源,则会与发起查询请求的节点建立连接,进行资源的传输;否则,这个邻居会继续向自己的邻居扩散这个查询请求,直到找到这种资源。

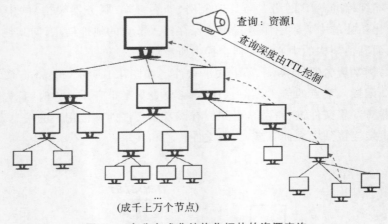

图 4.2　全分布式非结构化拓扑的资源查询

在全分布式非结构化拓扑中,由于采用了洪泛的数据广播方法,它可以很快地找到源节点到目标节点的路径,实现快速的消息传播和资源查找。但是,它可能会出现广播风暴(Broadcast Storm),即随着网络规模的不断扩大,广播数据急剧增加,部分低带宽节点由于网络资源过载而失效,从而导致网络分区、断链,使得资源的查询范围受到限制、网络性能下降。

4.1.3　全分布式结构化拓扑

全分布式结构化拓扑的 P2P 网络采用分布式哈希表(Distributed Hash Tables,DHT)来实现整个网络的寻址和存储,从而结构化地址管理,克服全分布式非结构化拓扑中节点信息只能通过洪泛的方式查找、无法精确定位的问题。分布式哈希表将存储着网络中所有资源信息的哈希表划分成很多不连续的小块,分散地存储在多个节点上,每一块由一个节点维护,每一个对象的名字或关键词通过加密哈希函数映射为 128 位或 160 位的哈希值。图 4.3 是一个分布式哈希表示例,当一个节点需要请求某种资源时,首先找到包含对应资源关键词的哈希表所处的节点,从该节点中获取资源对应的地址信息,然后依据地址信息连接对应的节点实现资源的请求与传输。

Key	Value
Fatemen	Stockholm
Ali	California
Tallat	Islamabad
Cosmin	Bucharest
Seif	Stockholm
Amir	Tehran

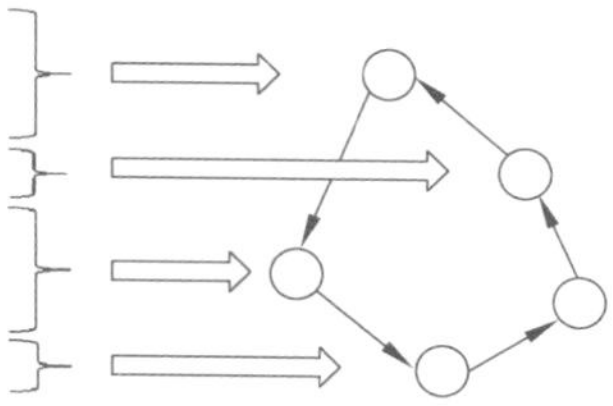

图 4.3　分布式哈希表

全分布式结构化拓扑能自适应节点的加入和退出,并且能均匀地分配节点 ID,提供精准的查询结果,有着良好的健壮性、可扩展性和动态适应性,以太坊采用的就是这种拓扑形式。但是,由于分布式哈希表中的 Key 是对象的名字或关键词,全分布式结构化拓扑只提供精准的关键词匹配查询,不支持模糊语义查询。此外,分布式哈希表的维护机制较为复杂,节点频繁地加入和退出会造成网络波动,并且增加分布式哈希表的维护代价。

4.1.4　半分布式拓扑

半分布式拓扑综合了中心化拓扑和全分布式非结构化拓扑的优点,它将网络中性能较高(考虑处理、存储、带宽等指标)的机器作为超级节点,每个超级节点存储着系统中其他部分节点的文件信息,执行维护这些节点的地址、文件索引等工作。超级节点之间形成一个高速的转发层,并与接入的普通节点形成一个自治的簇,簇内采用中心拓扑的 P2P 网络,图 4.4 展示了一个半分布式拓扑网络示例。对于半分布式拓扑上的资源查找,会先

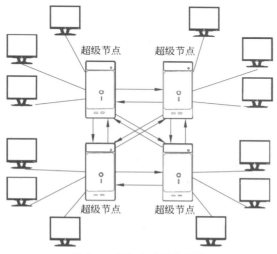

图 4.4　半分布式拓扑网络

在普通节点所在的簇内进行，如果簇内的超级节点查询到该资源在与超级节点相邻的叶子节点上，超级节点会将查询请求转发给对应的节点；否则，超级节点间会进行有限的洪泛，通过其他超级节点继续对这个文件进行查询。

半分布式拓扑是两种拓扑的综合，具有容易管理的优点，消除了网络拥塞的隐患，并在性能和可扩展性上具有一定的优势。但是，它对超级节点的依赖性较大，容易受到攻击，这也影响了它的容错性。

◆ 4.2　比特币网络

作为基于区块链技术的第一个应用，比特币在网络层实现上采用了 P2P 网络架构，实现了世界上第一个去中心化的电子货币系统。早期的比特币网络的设计基于全分布式非结构化拓扑，网络中的节点彼此对等，不存在特权节点和索引服务器，通过共识机制使所有诚实的节点保存一致的区块链视图，从而实现去中心化控制。

通俗来说，比特币网络是依照比特币 P2P 协议运行的一系列节点的集合，其 P2P 协议建立在传输层的 TCP 之上。除了 P2P 协议，比特币还运行着其他协议，如应用于矿池挖矿、轻量级或移动端比特币钱包中的 Stratum 协议。这些协议由网关路由服务器提供，通过比特币 P2P 协议接入到比特币网络，使得运行着扩展功能的网络节点连接到比特币主网络，本书将会在 4.2.3 节介绍这种运行着多种扩展协议的比特币网络。此外，尽管比特币网络中的节点是彼此对等的，但是它们所包含的数据、提供的功能和在网络中的分工不尽相同。本节会先对比特币节点类型、节点功能和扩展比特币网络（Extended Bitcoin Network）展开阐述，接着介绍比特币节点间的通信方式，进一步了解比特币中继网络（Bitcoin Relay Networks）和加密认证连接的方法。

4.2.1　节点类型及其功能

依照节点保存的区块数据内容和是否能独立完成交易验证进行划分，比特币网络中的节点可以分为全节点（Full Node）和轻节点（Lightweight Node）。

全节点是连接到 P2P 网络的计算机和服务器，它拥有完整的区块链数据，可以独立地进行区块和交易的验证。举例来说，比特币矿工需要运行全节点，因为它们在验证交易的过程中需要完整的区块链数据。归档节点（Archival Node）是全节点中的一种特例，它虽然也是一个完全的验证节点，但它存储的是经过修剪的数据，在保证区块链安全的前提下，将无意义的区块数据删除，从而减少本地磁盘的使用量。

轻节点只保存区块链数据的部分信息（如区块头），不能独立地进行区块和交易的验证。它通过简易支付验证（Simplified·Payment Verification，SPV）方式向其他节点请求数据来完成支付验证。SPV 不需要遍历区块链账本进行交易验证，它只需要找到交易所在的区块，根据交易得到的确认数来完成验证。轻节点的优势在于它能更快地启动和运行，并且可以在更多资源受限的设备上运行，比如移动设备上的轻量级比特币钱包应用。

另一种常见的节点类型划分方法是依照节点承载的功能进行划分,在比特币中,节点可承载钱包(Wallet)、矿工(Miner)、完整区块数据存储(Full Blockchain)、网络路由(Network Routing Node)4 种功能。

(1) 钱包。具备钱包功能的节点可以支持比特币交易、查询等功能。

(2) 矿工。具备矿工功能的节点可以运行工作量证明算法来争夺创建新块的资格,从而赚取系统奖励的比特币以及交易手续费。

(3) 完整区块数据存储。具备完整区块存储功能的节点存储着区块链的完整数据,可以独立地验证所有交易,不需要借助任何外来参考。

(4) 网络路由。比特币网络的所有节点均具有网络路由功能,能帮助转发交易和区块数据,发现和维护节点间的连接。

依据节点承载功能的不同,基础的比特币网络中的节点可分为核心客户端节点(Reference Client(Bitcoin Core))、全节点(Full Block Chain Node)、独立矿工节点(Solo Miner)、轻量级钱包(Lightweight Wallet) 4 种类型。各类型节点包含的功能如下。

(1) 核心客户端节点。包含钱包、矿工、完整区块存储、网络路由 4 种功能。

(2) 全节点。拥有完整的区块链数据,具有网络路由功能。

(3) 独立矿工。拥有完整区块链数据,具有路由功能和挖矿能力,能不依赖其他节点的算力单独进行挖矿。

(4) 轻量级钱包。包含钱包与路由转发功能。

4.2.2　扩展比特币网络

若依据节点承载的功能对比特币网络的节点进行划分,除了 4.2.1 节中介绍的 4 种基本节点之外,还有运行着特殊协议(如特殊矿池挖矿协议等)的网络节点,比特币网络中矿池的出现更催生了这种扩展节点的诞生。包含比特币 P2P 协议、矿池挖矿协议、Stratum 协议(矿机与矿池软件之间的通信协议)及其他连接比特币系统组件的相关协议的整体网络结构称为扩展比特币网络[5]。

常见的扩展节点如下。

(1) 矿池协议服务器(Pool Protocol Server)。常作为比特币网络与其他矿池挖矿节点的网关路由。

(2) 挖矿节点(Mining Node)。一种轻量级节点,包含挖矿功能,但不包含区块链数据,必须依赖矿池服务器维护的全节点进行工作,通常运行 Stratum 协议或其他矿池挖矿协议。

(3) 轻型 Stratum 协议钱包(Lightweight Stratum Wallet)。运行在 Stratum 协议下包含钱包功能的节点。

4.2.3　比特币节点通信

在比特币网络中,为了能够参与协同运作,节点需要发现网络中的其他节点并与它们建立通信连接。本节将展示比特币网络中节点的通信过程。

1. 节点发现

新加入的节点通常采用下面两种方式进行节点发现。

（1）使用"DNS 种子"（DNS seeds）来查询 DNS。比特币客户端会维护一个记录长期稳定运行节点的列表，这些节点也称为种子节点，种子节点能提供比特币节点的 IP 地址列表。通过与种子节点进行连接，新节点可以快速发现网络中的其他节点。

（2）通过-seednode 命令指定一个比特币节点的 IP 地址作为比特币种子节点。节点会和这个种子节点进行连接以发现新节点。

节点发现之后，节点会和发现的有效比特币节点进行"握手"连接实现信息的交换，比特币节点握手的过程如图 4.5 所示。

具体地，节点 A 先向节点 B 发送 version 信息，version 信息包括以下内容。

① nVersion。客户端采用的比特币 P2P 协议版本。

② nLocalServices。一组该节点支持的本地服务列表，当前仅支持 NODE_NETWORK。

③ nTime。当前时间。

④ addrYou。当前节点可见的远程节点的 IP 地址（节点 B 的 IP）。

⑤ addrMe。当前节点的 IP 地址（节点 A 的 IP）。

⑥ subver。指示当前节点运行的软件类型的子版本号。

⑦ BestHeight。当前节点区块链的区块高度（初始为 0，即只包含创世区块）。

节点 B 收到 version 信息后，会向节点 A 发送 verack 进行确认并建立连接。若节点间需要互换连接以连回起始节点时，节点 B 也会向节点 A 发送它的 version 信息。

当节点 A 和节点 B 的握手连接建立之后，节点 B 可以转发节点 A 的地址，让新节点被更多节点接收，并进一步向节点 A 提供节点引荐，这个过程如图 4.6 所示。节点 A 将一条包含自己 IP 地址的 addr 消息发送给节点 B，节点 B 会将这条 addr 消息转发给节点 B 的相邻节点，使得节点 A 的信息会在网络中广播出去，被更多节点发现。此外，节点 A 可以向节点 B 发送 getaddr 请求，要求节点 B 向其发送已知的其他节点的 IP 地址。通过这种方式，可以实现比特币地址的传播和发现。

2. 地址管理

比特币节点使用 tried 和 new 列表管理网络中节点的 IP 地址，这些列表存储在节点的本地并且在节点重启时仍会保留。

其中，tried 列表包含了 64 个桶（bucket），每个桶可以存储这个节点成功建立过入连接或出连接的 64 个不同的地址。除了保存对等节点的地址，tried 列表还保存最近一次成功连接到该节点的时间戳。当插入节点信息时遇到桶已满的情况，如果节点地址已存在于桶中，可以直接更新时间戳；否则，会从桶中随机选出 4 个节点，其中最远一次与节点成功建立连接的节点将被替换为新节点的信息，并被插入到 new 列表中。

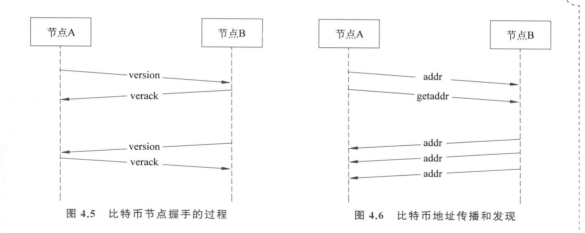

图 4.5 比特币节点握手的过程   图 4.6 比特币地址传播和发现

对于 new 列表,它包含了 256 个桶,每个桶可以为节点保存 64 个尚未成功发起连接的节点地址。节点会利用从种子节点或从 addr 消息中学习的信息来填充 new 列表。如果遇到桶已满的情况,会遍历桶中的所有节点,将时间戳超过 30 天或多次尝试连接不成功的节点移出桶。

3. 全节点区块同步

一个全节点在连接到其他节点以后,需要构建完整的区块链数据。如果这个节点是新节点,它就不包含任何区块链数据,需要下载从创世区块(创世区块已被静态植入客户端)开始的全部区块数据。全节点同步区块数据的过程如图 4.7 所示。

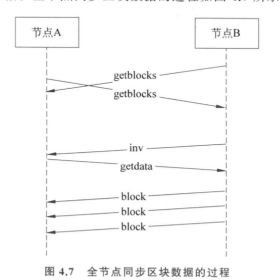

图 4.7 全节点同步区块数据的过程

在初始握手的 version 消息中,由于包含了 BestHeight 字段,节点可以了解对等节点的区块高度。然后节点间交换 getblocks 消息,其中包含本地区块链顶端区块的哈希值,通过判断接收到的哈希值是否属于顶端区块,节点可以判断哪一方拥有较多的区块信息。接着,拥有较多区块信息的一方会识别出其他节点缺少的区块数据,通过 inv 消息(每一个 inv 消息只包含 500 个区块的 Hash 信息,限制每次同步区块数量可以减小新节点同步区块对网络造成的影响)分批将对等方缺少的区块的哈希值传播出去。拥有较少区块的一方会向所有已连接的节点发送 getdata 信息继续请求全区块数据,并根据 inv 消息的哈希值找到自己缺少的区块数据进行读取。

4. SPV 节点通信

比特币网络中的全节点会构造一条验证链(由沿着区块链按时间倒序一直追溯到创世区块的区块和交易组成)和一个完整的 UTXO 池,通过查询该 UTXO 是否未被支付来验证交易的有效性。但是,并非所有的设备都有完整存储所有区块链数据的能力,使用 SPV 方式验证支付有效性的 SPV 节点通常只存储着区块的头部信息。

2.1.2 节已经介绍了区块链头部包含的主要字段,其中包含了默克尔树的树根。如图 4.8 所示,借助默克尔树算法,可以通过以下步骤进行简易支付验证。

(1)进行区块头同步。

(2)寻找包含该交易哈希值的区块,验证区块头是否包含在最长链中。

(3)获取构造默克尔树所需的交易哈希值,计算默克尔树根的哈希值。

(4)若计算出的哈希值与区块中的默克尔树根的哈希值相等,则交易存在于区块中。

(5)根据区块头所处的位置,判断交易得到的确认数。如果交易已经经过 6 次确认,则完成对交易的验证。

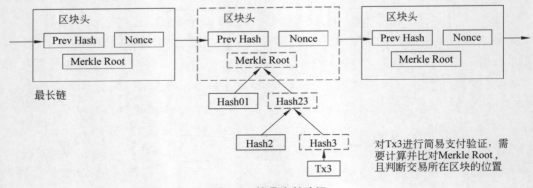

图 4.8　简易支付验证

在交易支付验证的过程中,SPV 节点需要使用 getheaders 消息向其他节点请求区块头部,不断重复直到区块头同步完成。图 4.9 展示了 SPV 节点请求区块头的过程,其中,收到请求的节点会使用 headers 消息发送多达 2000 个区块头给请求节点。

但是,由于 SPV 节点需要读取特定交易从而选择性地验证交易,这可能会被第三方监控并将交易信息与比特币钱包的用户关联起来,产生隐私泄露风险。通过 Bloom 过滤

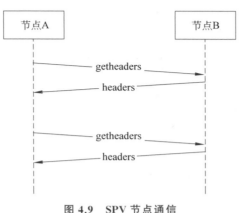

图 4.9　SPV 节点通信

器从一些交易集合中过滤选择 SPV 节点感兴趣的交易,可以不泄露 SPV 感兴趣的交易信息,保护 SPV 节点的隐私。

5. 加密和认证连接

比特币网络没有对对等体之间的通信进行加密,可能会带来一些安全问题,比如允许对比特币用户进行监视和流量操控。本部分将介绍两种增加比特币网络的隐私性和安全性的方法:Tor 传输、P2P 认证和加密服务。

Tor 网络又名洋葱路由器(the Onion Router)网络,是由已经安装了 Tor 软件的计算机连接网络组成。它通过对用户在网络上传输的数据进行加密和封装,以及对信息发布者进行隐藏,从而提供匿名性、不可追踪性和隐私性。图 4.10 展示了 Tor 网络的数据传输链路,当一个用户需要请求某种资源时,用户的 Tor 软件会将 Web 请求进行多层加密,然后随机发送到 Tor 网络中的另一个节点,这个节点称为入口节点(Guard Node)。入口节点随后对该 Web 请求进行第一次解密,然后继续将解密后的信息转发到网络中的中继计算机。经过多个中继节点的传播和消息的多次解密,加密信息到达传输链上的最后一台计算机,又称出口节点(Exit Node),由出口节点进行最后一次解密即可获得请求的目的地址。于是,在 Tor 网络中进行信息传输时,只有入口节点知道发送方的网络地址,出口节点知道请求目的地的网络地址,而环路上的中继节点仅仅知道它们从哪一个中继节点接收数据,以及向哪一个中继节点发送数据,没有一个中继节点能获取数据包传输的完整路径。除此之外,Tor 网络上数据传输链路的每一跳都有一组独立密钥,保证了数据的安全性和无法追踪性。

在比特币改进协议 BIP-0150 和 BIP-0151 中,定义了比特币网络的 P2P 认证和加密服务。其中,BIP-0150 定义了节点间的对等认证,BIP-0151 定义了两个对等体间的协商加密通信方式,同时,BIP-0150 要求两个节点认证前需要按照 BIP-0151 建立加密通信。

实现比特币 P2P 对等认证和通信加密的过程如下。

(1) 认证前,请求方和响应方需要创建一个用于认证的密钥对,并通过邮件等不同的

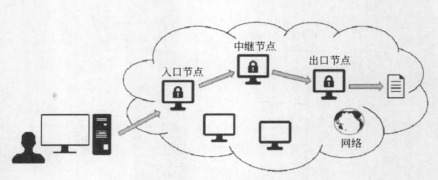

图 4.10　Tor 网络的数据传输链路

通道将公钥进行共享,请求方将响应方的公钥、IP 地址和端口号存入其已知对等体的数据库,响应方将请求方的公钥存入它的认证的对等体数据库。

（2）通过 BIP-0151 建立加密信道。

（3）请求方发送一条 AUTHCHALLENGE 消息,消息包含对等体的公钥的哈希值。响应方可以用它的本地认证公钥创造相同的哈希值,如果经过对比发现哈希值相同,那么就会回复 AUTHREPLY 消息,里面包含了使用认证密钥对加密 sessionID 的签名;否则,会回复 64B 全零的 AUTHREPLY 消息。

（4）请求方可以使用对等体的认证公钥对签名进行验证,如果签名是不合法的,请求方会回复包含 32 位随机字节的 AUTHREPLY 消息;如果签名是合法的,请求方会回复包含客户端的认证公钥的哈希值的 AUTHPROPOSE 消息。

（5）响应方在自己的认证对等体数据库进行查询,如果响应方找不到可以计算出相同哈希值的认证公钥,会回复 32B 全零的 AUTHCHALLENGE 消息;否则,会回复包含经过哈希运算的客户端公钥的 AUTHCHALLENGE 消息。

（6）如果请求方认证失败,会回复包含 64B 的全零 AUTHREPLY 消息;否则,会回复包含了使用认证密钥对加密 sessionID 签名的 AUTHREPLY 消息。

（7）响应方对签名进行验证,并且授予对等方对受限服务的访问权限。

P2P 认证和加密将加强比特币对流量分析和隐私侵权监控的阻力,此外,还可以通过身份验证来创建可信比特币节点的网络,防止中间人攻击。

6. 交易池

在比特币网络中,每个节点会在本地维护一个记录已被网络发现但未被区块链所记录的交易的临时列表,这个列表称为交易池(Transaction Pool)。在交易的接收和验证过程中,交易会被节点添加到交易池并通知给相邻节点,从而在比特币网络上进行传播。

对于父交易未被节点所知的且未被记录在区块链上的交易,节点会将其存入孤立交易池(Orphan Pool)中,当与这个孤立交易相关的父交易被节点已知并且被添加到交易池时,该孤立交易会被移出孤立交易池,并添加到交易池中。

一些比特币客户端还会维护一个 UTXO 池（UTXO Pool），里面包含着所有 UTXO 的集合。与交易池和孤立交易池不同的是，UTXO 池在初始化时已经包含了很多 UTXO 条目，且只包含已确认交易。但交易池和孤立池初始化为空，所包含内容取决于节点的启动时间或重启时间，只包含未确认交易。

4.2.4　比特币中继网络

在比特币挖矿的过程中，矿工打包好区块后需要将新区块的信息广播给全网所有节点，当区块被网络接受后矿工才能得到相应的挖矿奖励，并且开始下一个区块的哈希值计算。但是，使用比特币 P2P 网络进行新区块信息的广播会有较高的网络时延，因而矿工需要一个专门的传播网络来加速新区块的广播，这种尝试最小化矿工之间传输块的延迟的网络称为比特币中继网络。

原始的比特币中继网络在 2015 年经 Bitcoin Core 的开发者 Matt Corallo 创建，它由亚马逊 Web 服务基础架构上托管的专门节点组成，并且连接大多数矿池和矿工，构成了区块数据的传输通道。矿工可以通过连接离它的最近的中继节点加速区块的发送和接收。在 2016 年，Matt Corallo 又创建了 Fast Internet Bitcoin Relay Engine（FIBRE）来替代原始的比特币中继网络。由于原始的网络基于 TCP，有数据包丢失导致需要重传的可能，FIBRE 基于 UDP 和额外的前向纠错数据来补偿数据包丢失，使得即使部分数据丢失，也能快速获得区块，不需要来回传输信息。同时，FIBER 基于 Bitcoin core 客户端中的压缩块进一步减少传输的数据量和网络延迟。此外，康奈尔大学的研究者推出了一种新的命名为 Falcon 的中继网络，它通过传播块的部分来减少网络延迟，使得节点不用一直等待直到接收到完整的块。总体来说，比特币中继网络是一种为 P2P 网络节点间提供快速块传输的覆盖型网络，它通过压缩传输数据、更换网络协议等多种方式为有特殊需求的节点之间提供块传输的高速道路。

◆ 4.3　以太坊网络

与比特币网络不同的是，以太坊网络主要采用了一种基于分布式哈希表技术的结构化 P2P 网络，使用该技术，以太坊可以在分布式环境下进行快速路由和数据定位。在通信协议上，以太坊的 P2P 网络是一个完全加密的网络，提供了 UDP 和 TCP 两种连接方式，其中 UDP 主要用于 P2P 节点发现，TCP 主要用于数据传输与交互。本节将首先详细讲解以太坊网络架构和节点类型，接着阐述以太坊基础网络架构的节点通信原理，最后对以太坊网络的节点发现、加密认证连接、区块同步展开分析。

4.3.1　Kademlia

以太坊的 P2P 网络基于全分布式结构化拓扑，其中，它的分布式哈希表是通过 Kademlia（简称 Kad）来实现的。Kad 是一种分布式哈希表技术，能将所有的信息作为哈希表的条目进行存储,由各个节点分散地来维护,从而以全网的方式构成巨大的分布式哈希表,实现快速路由和准确定位。

在 Kad 网络中,每一个节点都被分配一个随机生成的 160 位的节点 ID 作为标识符。根据节点 ID,Kad 可以将网络表示为具有 160 层的二叉树,所有节点表示为二叉树的叶子节点,其位置由节点 ID 的最短唯一前缀每一位的值是 0 或是 1 所确定,图 4.11 展示了一个使用三层二叉树表示的 Kad 网络。由于 160 位的空间非常大,即使有几百万个节点,也仅占了 160 个数位的一个小子集,因而节点 ID 可以被视作高度随机的,而使用最短唯一前缀处理节点 ID 可以利用最短的数位覆盖整个节点 ID 空间。

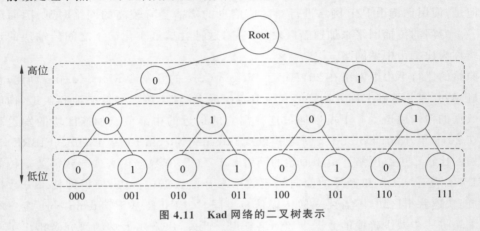

图 4.11　Kad 网络的二叉树表示

每一个节点的信息被存储在这个节点的 k 近邻上。较为特殊的是,Kad 网络中两个节点之间的距离并不是依据物理距离和路由器跳数来衡量的,而是通过对两个节点的 ID 进行异或的二进制运算,当异或结果较小时,认为这两个节点距离较近。

例如,假设 ID 空间是 3 位,那么 ID 为 001 和 100 的节点距离:

$$d(1,4)=d(001,100)=001\oplus100=101=5$$

对于任一个节点,都能以自己的视角将二叉树拆分为一系列连续的、不包含自己的子树。其中,最高层的子树由整棵二叉树中不包含自己的树的另一半组成,在除去第一层节点和最高层子树后,下一层子树由剩下部分中不包含自己的部分组成,以此类推,直到分割完整棵树。例如,图 4.12 展示了一个以最短唯一前缀为 110 的节点为视角的二叉树拆分示例,其中,二叉树可以被拆分出三棵子树,每棵子树的最短唯一前缀分别是 0、10、111。对每棵子树,以 110 为最短唯一前缀的节点如果能分别知道其中的一个节点,那么它可以通过递归路由,每次得到离目标节点最近的节点,从而不断逼近并最终到达目标节点。

由于网络中的节点会动态变化,Kad 网络规定了每个节点需要记录每个子树的 k 个节点,其中 k 是为平衡系统性能和网络负载设置的一个常数,这样记录一棵子树中 k 个节点的列表称为一个 K 桶(K Bucket)。如果节点 ID 空间为 n 位,每个节点从自己的视角拆分完子树后,可以得到最多 n 个子树,需要维护 n 个 K 桶。

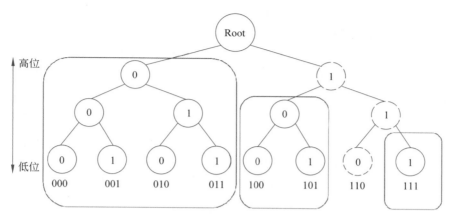

图 4.12　Kad 网络二叉树的拆分

K 桶实际上就是路由表,对于每一个 K 桶 i,它会存储和节点距离在 $[2^i, 2^{i+1}]$ 范围内的 k 个节点的状态信息(包括节点 ID、UDP 端口、IP 地址),并且每个 K 桶内部信息存放的位置根据上次访问的时间顺序排列,最早访问的节点会放在头部,最新访问的节点会放在尾部。通过 K 桶结构,Kad 可以实现快速节点信息筛选并对最近最新访问的节点信息进行维护。在已知某个需要查询的节点的 ID 的情况下,可以通过从当前节点的 K 桶中快速得到距离目标节点最近的若干节点的信息。一个节点的 K 桶结构如图 4.13 所示。

K桶[0]: 距离[1,2)	Node 0	Node 1	...	Node k
K桶[1]: 距离[2,4)	Node 0	Node 1	...	Node k
K桶[2]: 距离[4,8)	Node 0	Node 1	...	Node k
...	...	...	...	...
K桶[n]: 距离[$2^n, 2^{n+1}$)	Node 0	Node 1	...	Node k

最近最少访问　　　　　　　　　　　　　　最新访问

图 4.13　K 桶结构示意图

在以太坊网络进行节点距离计算之前,会对节点 ID(这里指使用 Eckey 算法生成的 512 位的网络节点公钥)使用 sha3 算法生成一个 256 位的哈希码,节点的距离是这两个哈希码的异或计算结果的 1 位最高位的位数。每个节点有 256 个 K 桶,其中 K 桶的 k 值是 16,K 桶中记录了节点的 ID、distance、endpoint、ip 等信息,并按照与目标节点的距离进行排序。

4.3.2　节点类型及其功能

在 4.2.1 节中介绍了全节点和轻节点。全节点存储了所有的交易数据,负责验证所有交易数据;轻节点只存储区块部分信息,通过 Merkle 证明验证一笔交易是否上链以及是否得到多个确认。在比特币、以太坊 1.0、EOS 等区块链系统中,都可以简单地将节点划分为全节点和轻节点两种类型。

在区块链网络中,由于每个对等节点需要验证每个交易,添加更多的节点并不会增加网络的可伸缩性。新规划的以太坊 2.0 旨在通过新机制,对每个交易仅利用一部分的节点进行验证,从而提高区块链的吞吐量。为此,以太坊团队提出了分片(Sharding)的设想,将交易状态和交易历史划分为多个分片。例如,将以 0x00 开头的所有地址放入一个分片,以 0x01 开头的所有地址放入另一个分片。每个分片存储和处理特定的交易,有自己的验证网络。在更高级的分片形式中,允许跨分片通信功能,即允许一个分片中的交易出发其他分片的交易。使用分片技术在理论上可以实现高效率的交易验证,因为每个节点不用负责处理整个以太坊网络的交易负载,只处理其所在分片上的交易。

在本书编写过程中,以太坊社区又提出了共识与执行分离、Danksharding、Proposer-Builder 分离的新节点架构方案,尚在讨论中。

4.3.3　以太坊节点通信

在通信协议上,以太坊使用 discv4 协议实现节点的发现及建立连接信道,使用 rlpx 协议在已建好的信道基础上实现节点间信息的可靠传输,在本节中,会基于这两个协议简要介绍以太坊网络上的节点发现、加密和认证连接,以及区块同步。在了解以太坊的节点通信之前,先来了解一下 Kad 网络的节点加入和退出、K 桶维护和 Kad 网络节点查询。

1. Kad 网络的节点加入和退出

当一个新节点试图加入 Kad 网络时,首先需要构造自己的 K 桶,具体步骤如下。

(1) 新节点通过一定的途径获取任意一个已加入 Kad 网络中的节点的信息,将其加入对应的 K 桶中,并向该节点针对自己的 ID 发起查询请求。

(2) 对等节点收到请求后,会按照与新节点的距离对自己的 K 桶进行更新,然后返回 k 个与新节点最近的节点。

(3) 新节点收到返回的节点信息后,将这些节点加入自己的 K 桶,并向这些节点发送查询请求,如此往复,从而建立自己的路由表。

在 Kad 网络中不需要对节点退出进行任何操作,因为节点在维护自己的 K 桶时会主动把没响应的节点从自己的 K 桶中删除。当一个节点的信息不存在于任何一个节点的 K 桶时,这个节点相当于退出了网络。

2. K 桶维护

当节点收到一个新节点信息时,会对自己的 K 桶进行更新和维护。K 桶更新时基本遵循抛弃最近最少访问节点的原则,具体更新流程如下。

(1) 计算节点本身与新节点的距离,根据这个距离,选择对应的 K 桶进行操作。

（2）如果新节点的信息在这个 K 桶中，则将其信息移动到列表尾部。

（3）如果新节点的信息不在 K 桶中，则分为以下两种情况。

① 在 K 桶未满的情况下，直接将该信息添加到列表尾部。

② 在 K 桶已满的情况下，先在列表头部检查最早访问的节点是否有响应。如果有响应，则将头部节点移动到列表尾部，并忽略新节点信息；如果没有响应，则将头部节点信息抛弃，并将新节点信息添加到列表尾部。保留在线时间长的节点的信息是因为在线时间长的节点在下一个时间段继续保持在线的概率可能会更大。

3. Kad 网络节点查询

Kad 网络的一次节点查询过程被定义为已知某个节点的 ID，查找当前节点与目标节点距离最短的 k 个节点所对应的网络信息的过程。之所以不把节点的查询定义为查询目标节点的信息，是因为我们不知道目标节点的上线信息，不能保证被查找的节点一定存在于网络上。图 4.14 展示了 Kad 网络的节点查询过程，更具体地，节点查询的流程如下。

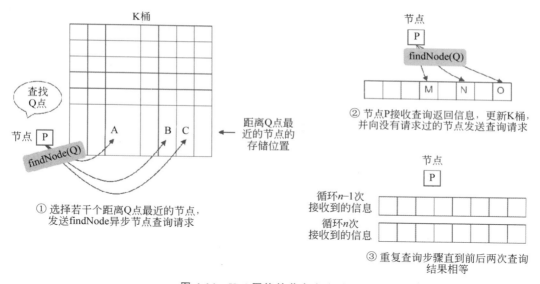

图 4.14　Kad 网络的节点查询过程

（1）查询发起者从自己的 K 桶中选出若干距离目标节点最近的节点，并向这些节点同时发送异步查询请求。

（2）收到请求的节点，从 K 桶中找出自己所知道的距离目标节点最近的若干个节点信息，返回给查询发起者。

（3）查询发起者收到节点信息后，更新 K 桶，再从自己目前已知的距离目标节点较近的节点中选出若干没有被请求过的节点，向它们发送查询请求。

（4）重复（2）和（3），直到第 n 次查询返回的结果和第 $n-1$ 次查询返回的结果相等。

4. 以太坊网络节点发现

discv4 协议为以太坊上的节点发现定义了 4 种报文命令,分别是:①用于探测对等节点是否在线的 Ping 命令;②用于响应 ping 报文的应答命令 pong;③用于向对等节点请求查询邻居节点的 FindNode 命令;④用于回传找到的邻居节点列表的 Neighbors 命令。

在 discv4 协议中,节点的生命周期(见图 4.15)被定义为以下 6 种状态。

(1) 发现状态(Discovered)。引导节点、从持久化文件加载的节点、被引荐的节点、接收到 Ping 报文的节点都会被置于这个状态。

(2) 在线状态(Alive)。在节点发现状态回复 Pong 报文后,节点会被置为在线状态。

(3) 活跃状态(Active)。节点处于 K 桶时的状态。

(4) 候选状态(Evictcandidate)。K 桶满时,活跃状态的节点被新节点替代后会暂时置为此状态。

(5) 不活跃状态(Noactive)。如果节点向处于候选状态的节点发送 ping 报文,且该候选状态的节点长时间没有响应,那么候选状态的节点会被置为不活跃状态。

(6) 死亡状态(Dead)。节点在规定时间内没有返回 pong 报文会进入的状态,这是最终状态。

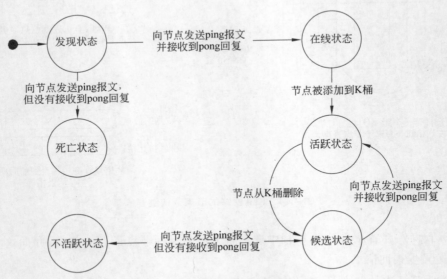

图 4.15　discv4 协议中节点的生命周期

以太坊网络中的节点发现过程与 Kad 网络的节点发现过程类似,但是也有所不同。在以太坊的节点发现过程中,以随机生成的节点 ID 为目标 ID。节点从 K 桶中找到距离目标节点较近的节点,然后从中选择距离本地节点的距离大于距离目标节点的距离的 K

桶节点,向它们发送 FindNode 请求,将响应的 Neighbours 报文中的节点用于更新 K 桶。

5. 加密和认证连接

以太坊上使用了 rlpx 协议进行通信加密。它实现了完备的前向安全性,也就是在每次建立连接时使用不同的密钥,即使现有的密钥泄露也不会导致之前信道上的信息被破解,主要包含了两个阶段:①密钥交换;②身份认证与协议握手。

在 rlpx 协议中,每个节点都拥有自己的公钥和私钥,并且会在进行通信时各自生成一个临时的随机密钥对。节点的密钥交换主要采用了 ECDH 算法,通过 ECDH 算法,可以使用私钥和对方的公钥计算出一个共享的密钥,即 ECDH(A 私钥,B 公钥)= EDCH(B 私钥,A 公钥)。两个节点进行密钥交换的流程如下。

(1)节点 A 生成随机密钥对和随机数,用自己的私钥对节点 B 的公钥执行 ECDH 算法,将结果和随机数异或后使用随机生成的私钥对其签名,然后将随机数、签名、节点 A 的公钥、版本号打包后用节点 B 的公钥进行加密作为请求认证的握手报文进行发送。

(2)节点 B 使用自己的私钥对收到的握手报文进行解密,得到节点 A 生成的随机数、签名、公钥和版本号。节点 B 生成随机密钥对和随机数,用自己的私钥和节点 A 的公钥执行 ECDH 算法,根据得到的结果和签名推导出节点 A 的随机公钥,利用随机私钥和节点 A 的随机公钥生成共享密钥,然后把自己的临时公钥和随机数用发起者的公钥进行加密并发送。

(3)节点 A 对节点 B 的消息进行解密获得节点 B 的临时公钥和随机数,利用 ECDH 算法计算出共享密钥。

经过这个阶段后,节点 A 和节点 B 都知道双方通信的共享密钥和随机数了,其中,随机数会被用来生成消息认证码来保证消息的完整性。

身份验证与协议握手步骤主要是用于两个节点进行协议协商,如果通信双方协议版本不符合,通信会断开。主要过程如下。

(1)节点 A 用共享密钥加密由自己使用的 P2P 版本号、端口号、ID 等信息构成 hello 报文,并将 hello 报文向节点 B 发送。

(2)节点 B 使用共享密钥对 hello 报文进行解密,也类似地用共享密钥对自己的 hello 报文进行加密并发送。

(3)节点 A 完成 hello 报文的校验。如果双方都能接受对方的协议版本,双方开始建立通信。

6. 区块同步

以太坊网络的节点进行区块同步时,首先需要找到与指定节点的共同祖先区块,确定需要同步的区块,然后获取同步区块对应的区块头,再进行区块体等数据的同步。图 4.16 展示了节点 A 向节点 B 请求同步区块的过程,具体说明如下。

(1)两个节点进行简单的握手连接,连接成功后节点 B 将自己交易池中的交易信息

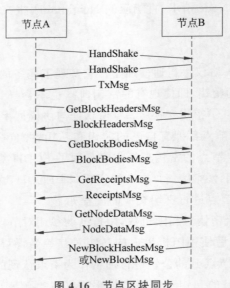

图 4.16　节点区块同步

同步给节点 A,然后各自循环监听对方的消息。

(2) 节点 A 发送 GetBlockHeadersMsg 获取同步区块的区块头信息,存入数据库。

(3) 节点 A 依次发送 GetBlockBodiesMsg、GetReceiptsMsg、GetNodeDataMsg 请求获取 block body、receipt(合约执行后的结果)和 state(储存所有的账号状态,包括余额等信息)数据,并从回复的 BlockBodiesMsg、ReceiptsMsg、NodeDataMsg 报文中提取数据进行存储。

(4) 如果节点 B 挖出了新的区块,会向节点 A 发送 NewBlockMsg 或者 NewBlock-HashesMsg 进行区块同步(像这种接收到其他节点的消息,然后进行区块同步的方式称为被动同步)。

(5) 如果节点 A 收到的是 NewBlockMsg,节点 A 会对消息中的区块直接进行验证并存入本地;如果收到的是 NewBlockHashesMsg,节点 A 会通过请求获取区块头和区块体,然后再组织成完整的区块存入本地。

◆ 4.4　网络层安全

区块链应用具有很强的金融属性和数据公开、去中心化的特性,这使其容易成为被攻击的对象。安全是区块链技术发展和应用的重要基石,特别地,保证信道安全是维护区块链去中心化网络安全中尤为重要的环节。P2P 网络为所有节点提供了消息交换的方式,在消息交换的过程中,接收方必须信任区块数据在传送过程中没有被任何中间方改变破坏。也就是说,区块链的理论基础是建立在信道安全的前提下的,如果我们无法保证信道安全,那么共识算法保障的一致性和正确性将被瓦解,整个区块链系统也无从得到人们的信赖了。在去中心化 P2P 网络、共识和激励机制的共同作用下,区块链系统似乎牢不可破。实际上,区块链在面对网络层攻击时非常脆弱。

本节主要介绍在针对区块链网络层的一些常见的网络攻击方法,主要包括:分布式拒绝服务攻击(Distributed Denial of Service Attack,DDoS Attack)、延展性攻击(Malleability Attack)、女巫攻击(Sybil Attack)、路由攻击(Routing Attack),以及日蚀攻击(Eclipse Attack)等。

4.4.1 分布式拒绝服务攻击

分布式拒绝服务攻击主要针对交易所、矿池、钱包和区块链中的其他金融服务。与拒绝服务(DoS)攻击不同的是,分布式拒绝服务攻击借助了客户端/服务器技术,将多个计算机联合起来作为攻击平台,对同一个目标发动大量的攻击请求,从而成倍地提高拒绝服务攻击的能力。

传统的分布式拒绝服务攻击通过病毒、木马、缓冲区溢出等攻击手段入侵大量主机,形成僵尸网络,然后通过僵尸网络发起拒绝服务攻击。基于区块链网络的分布式拒绝服务攻击不需要入侵主机建立僵尸网络,只需要在层叠网络(应用层)控制区块链网络中的大量在线节点,使其作为一个发起大型分布式拒绝服务攻击的放大平台。这些在线节点为拒绝服务攻击提供了大量的可用资源,如分布式存储和网络带宽,使得攻击成本低、威力巨大,并保证了攻击者的隐秘性。如图 4.17 所示,攻击者控制了 4 个节点作为分布式拒绝服务攻击的放大平台。主要攻击方式分为主动攻击和被动攻击。主动攻击是通过主动向网络中的节点发送大量的虚假索引信息,使得针对这些信息的后续访问都指向被攻击者。主动攻击在区块链网络中引入了额外的流量,从而降低网络的节点查找和路由的性能,另外,虚假的索引信息还影响文件的下载速度。被动攻击属于非侵扰式,通过修改区块链客户端或服务器软件,被动地等待来自其他节点的查询请求,再通过返回虚假响应来达到攻击效果。

总体来说,分布式拒绝服务攻击的发起成本不高,但破坏性很强。例如,恶意矿工可以通过分布式拒绝攻击耗尽其竞争对手的网络资源,使得竞争对手被大量网络请求阻塞,从而提高自己的有效哈希率。

4.4.2 延展性攻击

延展性攻击,是指在原情况不变的情况下,利用外部的虚假交易实现攻击。例如,通过延展性攻击可以阻塞网络中的交易队列。恶意攻击者通过支付高额手续费,以高优先级进行虚假交易,使得矿工在验证这些交易时,发现这些交易都是虚假交易,但是它们已经在这些交易的验证上花费了相当长的时间,从而浪费了与攻击者竞争的矿工的时间和带宽资源。另一种延展性攻击的形式为交易延展性攻击,这种攻击方式在虚拟货币交易的情况下带来了二次存款或双重提现的风险。攻击者可以侦听一笔未被确认的交易,通过修改交易签名的方式使得原有交易的交易 ID 发生改变,并生成一笔新的交易进行广播

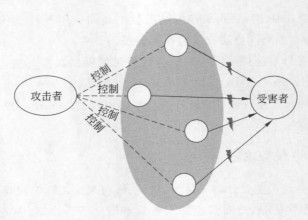

图 4.17   分布式拒绝服务攻击

和确认,而参与交易的另一方无法根据原有的交易 ID 查询到交易的确认信息,从而可能进行重复转账并蒙受损失。

4.4.3   女巫攻击

女巫攻击,是指一个攻击者节点通过向网络广播多个身份信息,非法地拥有多个身份标识,进一步利用多个身份带来的便利,做出一些恶意行为,如改变交易顺序、阻止交易被确认、误导正常节点的路由表、消耗节点间的连接资源等。由于网络上的节点只能根据自己接收到的消息来判断网络中节点的全局信息,对于攻击者来说,它可以很方便地利用这个特征,轻易地创建大量的身份信息进行女巫攻击。

女巫攻击是攻击 P2P 网络中数据冗余机制的有效手段,使得原本需要备份在多个节点的数据被欺诈地备份到同一个节点上。同时,如果区块链网络中采用了投票机制,攻击者可以利用伪造的多个身份进行不公平的重复投票,从而掌握网络的控制权。实现反女巫攻击,可以采用工作量证明机制,通过验证身份的计算能力的方式,增加女巫攻击的成本。另外一种反女巫攻击的方式是身份认证,每个新节点需要经过可靠第三方节点或当前网络中所有可靠节点的认证,从而减少节点欺诈地使用多重身份的可能性。

4.4.4   路由攻击

由于网络路由的不安全性以及因特网服务提供方(the Internet Service Provider, ISP)的集中性,使用明文形式进行信息交换的区块链应用(如比特币)可能面临着流量劫持、信息窃听、丢弃、修改、注入和延迟的风险。路由攻击,是指对正常路由进行干扰从而达到攻击目标的手段。

区块链上的路由攻击主要包含分割攻击和延迟攻击[6]两种类型。分割攻击首先将区块链网络隔离成(至少)两个独立的网络,使得它们无法交换交易信息。为实现这一步,攻击者常利用边界网关协议(Border Gateway Protocol,BGP)劫持的方法拦截不同网络间交换的所有流量,从而实现网络分割,并且各网络内的节点无断网感知。如图 4.18 所示,攻击者通过拦截每一部分之间交换的所有流量将网络分割为两个子网。一段时间后进行网络合并,强制性地使较短链上的所有区块被永久抛弃,其中包括了所有的交易和矿工的收入。延迟攻击利用了区块请求在超过一定时间后才会再次发起请求的特点,通过对拦截的信息进行简单修改,延迟区块在被攻击节点的传播速度。这两种攻击方法都能带来包括重复支付、计算能力浪费在内的潜在经济损失。

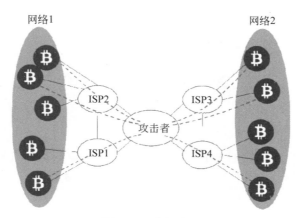

图 4.18　分割攻击

4.4.5　日蚀攻击

日蚀攻击由攻击者通过侵占节点路由表的方式,控制节点的对外联系并使其保留在一个隔离的网络中,从而实施路由欺骗、拒绝服务、ID 劫持等攻击行为。目前,在比特币和以太坊网络中均已被证实能实施日蚀攻击。

在比特币网络中,由于节点的网络资源有限,网络中每个节点是很难做到与所有其他节点都建立连接。因而比特币上实际只允许一个节点接受 117 个连接请求,并且最多向外发起 8 个连接。如果攻击者节点在一个节点的路由表中占据了较高的比例,攻击者节点可以控制这个节点的正常行为,包括路由查找和资源搜索等,则这个节点可视作被攻击者"日蚀"。在比特币的日蚀攻击中[7],攻击者用事先准备的攻击地址填充被攻击节点的 tried 列表,用不属于比特币网络的地址覆盖被攻击节点的 new 列表。在被攻击者重启或从表中选择节点构建连接时,被攻击者的 8 个向外连接有很高概率都是攻击者节点,同时攻击者占据被攻击者的入连接。通过这个过程可以在比特币网络中实现节点的日蚀攻击。

而在以太坊中,由于以太坊上一个主机可以运行多个 ID 的节点,攻击者只需要两个恶意的以太坊节点即可实现日蚀攻击[8]。以太坊上的日蚀攻击主要有两种方式:①独占连接的日蚀攻击,攻击者只需要在受害者节点重启时通过入连接的方式快速占领受害节点所有的连接,在 geth 1.8.0 中已通过限制节点入连接的数量不能占满节点的 maxpeers 来修复这个漏洞;②占有表的日蚀攻击,攻击者使用伪造的节点 ID 在受害者节点重启时重复向它发送 Ping 请求并占据它的 K 桶,使得受害者的出连接指向攻击者,此时攻击者使用入连接占据完受害者的剩余的所有连接即可完成日蚀攻击。对受害节点来说,日蚀攻击使它在未知情况下脱离了区块链网络,所有的请求信息都会被攻击者劫持,得到虚假的回复信息,无法进行正常的资源请求。

如今,很多研究者致力于区块链网络层的安全研究,并提出了一系列的安全保护方案,例如,对节点的状态和区块交付行为进行监测,将异常情况作为攻击的早期指标进而触发一些保护措施等。

◇ 4.5 课 后 题

一、选择题

1. 一个攻击者节点通过向网络广播多个身份信息,非法地拥有多个身份标识,进一步利用多个身份带来的便利,做出一些恶意行为的攻击模式称为(   )攻击。

    A. DDoS   B. 延展性   C. 女巫   D. 日蚀

2. 在区块链的一个节点中删除一个区块,则(   )。

    A. 删除的区块只影响本节点

    B. 删除的区块会全网消失

    C. 别的节点也会收到通知并一起删除

    D. 删除后会影响其他节点的稳定运行

3. 以太坊网络节点的发现采用的是(   )协议。

    A. IPv4   B. IPv6   C. Discv4   D. Pow

4. 对女巫攻击描述错误的是(   )。

    A. POW 可以防御女巫攻击

    B. PBFT 可以抵御女巫攻击

    C. 女巫攻击的攻击节点非法拥有多重身份

    D. 攻击节点会对网络造成数据冗余

5. 以下不属于网络层攻击的是(   )。

    A. DDoS 攻击   B. 延展性攻击   C. 女巫攻击   D. 暴力破解攻击

二、填空题

1. 轻节点通过_____的方式向其他节点请求数据来完成支付验证。

2. 比特币网络的设计基于_____拓扑,网络中的节点彼此对等,不存在特权节点和索引服务器,通过共识机制使所有诚实的节点保存一致的区块链视图,从而实现去中心化控制。

3. 在比特币网络中,每个节点会在本地维护一个记录已被网络发现但未被区块链所记录的交易的临时列表,这个列表被称为_____。

4. P2P 网络主要有 4 种常见的拓扑形式:_____、_____、_____和_____。

5. _____攻击指一个攻击者节点通过向网络广播多个身份信息,非法地拥有多个身份标识,进一步利用多个身份带来的便利,做出一些恶意行为。

三、简答题

1. 简单比较比特币网络与以太坊网络的异同。

2. 比特币网络中的矿池是如何工作的?

3. 常见 P2P 网络的拓扑结构有哪些?

4. 比特币和以太坊网络中轻节点的工作过程是怎样的?

5. 如何预防女巫攻击?

区块链共识层

区块链在某种程度上是一个分布式系统,每个节点都有一份完整的账本,具有天然抵抗 DDoS 攻击的特性,并能够解决单点故障的问题。然而,区块链面临的一大难题就是账本的更新。账本的更新需要保障分布式系统的一致性,即区块链中各个节点的账本在更新后能够保持一致。区块链的共识层就是解决上述问题的层级:在去中心化且存在恶意节点的场景下维护区块链的全局账本。

◈ 5.1 一致性问题

一致性问题是分布式领域最为基础和最为重要的问题。如果分布式系统能够实现"一致",对外便可以呈现为一个独立的、完美的、可扩展的"虚拟节点",即被外界视为一个整体,同时相对于物理节点具备更优越的性能以及稳定性。这也是分布式系统希望能实现的最终目标。

为什么一致性问题这么重要?下面举个例子,Rivest、Shamir 和 Adleman 三人是在一条供应链上,此时 Rivest 的账户上有 100 万美元,Shamir 账户上有 50 万美元,Adleman 账户上有 20 万美元。供应链上的三家开始货款结算,Rivest 需要给 Shamir 转账 100 万美元,Shamir 需要给 Adleman 转账 100 万美元。所以,此时存在两条交易:TX_RS:Rivest->Shamir100w;TX_SA:Shamir->Adleman100w。我们把这两笔交易发到系统中,假设系统上有节点 A 和节点 B。假设 A 先收到 TX_RS,后收到 TX_SA,A 的账本更新为{Rivest:0,Shamir:50,Adleman:120};而 B 先收到 TX_SA,后收到 TX_RS,B 的账本更新为{Rivest:0,Shamir:150,Adleman:20}。此时,系统存在两个不一致的账本,这样的系统是很有问题的,所以一致性问题对于分布式系统来说是很必要的。

系统间一致性达成的程度也是不一样的,拜占庭容错算法达成的共识是确定性的,即共识生成高度为 n 的区块就是确定的。然而,工作量证明达成的共识是概率确定的,即共识生成高度为 n 的区块是不确定的(分叉),但随着区块链高度的增长,区块发生变化的概率越来越小,比特币需要六个区块确认就是这种现象。

5.1.1　问题与挑战

看似强大的计算机系统,实际上很多地方都比人类世界要脆弱得多。特别是在由多个计算机(节点)组成的分布式系统中,如下几方面很容易出现问题,从而极大地降低整个分布式系统的可用性。

(1) 节点之间的网络通信是不可靠的。例如,消息延迟、乱序、出错,甚至出现消息丢失。

(2) 节点的处理时间无法保障,处理结果可能错误,甚至节点自身可以出现系统中断。

(3) 节点可以是恶意的,并通过各种手段破坏系统的一致性。

(4) 同步调用可以简化设计,但会严重降低分布式系统的可扩展性,甚至使其退化为单点系统,带来单点故障的问题。仍然以上述的 Rivest、Shamir 和 Adleman 之间的转账为例,愿意思考的读者可能已经想到一些不错的解决方案。例如:

① 当收到一笔交易时,节点会先询问其他节点是否已经收到同样的交易以及交易的执行顺序以确保交易的执行结果与其他节点不冲突,即通过同步调用的方法来避免冲突。

② 所有节点提前约好某段时间交易执行顺序的决定权。比如一天之内 0～12 点发起的交易由节点 A 决定交易的执行顺序,而 12 点后到 24 点发起的交易由节点 B 负责,即通过令牌机制让节点 A 和节点 B 轮流决定交易的顺序,以避免冲突。

③ 成立一个第三方的机构,专门负责处理交易的执行顺序。节点 A 和节点 B 从该机构获得排序好的交易序列并执行,更新本地的账本。此时问题退化为中心化单点系统。

当然,还有很多的方案,这里将不再逐一列举。实际上,这些方案背后的思想,都可能引发不一致性的并行操作串行化。这也是现代分布式系统处理一致性问题的基础思路。只是因为现在的计算机系统应对故障还不够"智能",例如上述的方案都没有考虑请求和答复消息出现失败的情况,因此实际可行的方案还需要更加全面和高效,才能保证系统更快、更稳定地工作。

5.1.2　一致性要求

规范地说,分布式系统达成一致性的过程,应该满足可终止性(Termination)、约同性(Agreement)和合法性(Validity)。

(1) 可终止性。一致性的结果在有限时间内能完成。

(2) 约同性。不同节点最终完成决策的结果是相同的。

(3) 合法性。决策的结果必须是某个节点提出的提案。

可终止性、约同性和合法性分别对应着以下 3 个分布式系统的要求。

(1) 活性(Liveness)。可终止性本质上是为了保证活性,即保证系统的可用性。如果达成一致性的过程无限长,意味着服务中断,这样系统将不能被正常地使用。活性的一种通俗的表述就是好事总会发生。注意:在现实生活中这点并不是总能得到保障的。例如,取款机有时会出现服务中断。

(2) 安全性(Safety)。约同性其实是为了保证安全性,即算法要么不给出结果,要么任何给出的结果必定是达成共识的。这个性质是区块链共识算法所重点关注的。在区块链系统中,一般归约成给区块内的交易定一个全局的序号。如上面的例子,A 和 B 要么同时认可收到 TX_SA 后收到 TX_RS,要么同时认可收到 TX_RS 后收到 TX_SA。安全性的一种通俗的表述就是坏事不会发生。

(3) 正确性(Correctness)。合法性其实是为了保证正确性。合法性相对于其他两个要求似乎不是必要的,但是如果没有这个约束,那么可以设计一个这样的共识:无论发生何种交易,都给所有的银行账户的余额增加 1。这样的共识具有强活性、强安全性,以及简单的特点,但是并不是"正确"的。所以可以看出没有合法性的约束,不能保证正确性的共识机制可以变得多荒谬。

5.1.3　不同的一致性要求

要实现绝对理想的严格一致性(Strict Consistency)代价很大。除非系统不发生任何故障,而且所有节点之间的通信无需任何时间,这时整个系统其实就等价于一台计算机了。实际上,越强的一致性要求往往会造成越弱的处理性能,以及越差的可扩展性。不同的一致性要求大概可以分成三类:线性一致性(强一致性)、顺序一致性和弱一致性。

线性一致性(Linearizability Consistency)的要求:①任何一次读都能读到某个数据的最近一次写的数据;②系统中的所有进程看到的操作顺序,都和全局时钟下的顺序一致。

顺序一致性(Sequential Consistency)的要求:①任何一次读都能读到某个数据的最近一次写的数据;②系统中的所有进程看到的操作顺序一致,而且是合理的,即不需要和全局时钟下的顺序一致。下面以图 5.1 为例对顺序一致性进行说明(图 5.1 中的 P_1 和 P_2 分别代表系统中的进程 1 和进程 2,Write 和 Read 代表进程的读写操作)。

图 5.1(a)不满足线性一致性但是满足顺序一致性。首先,因为在全局时钟下,事情发生的顺序应该是$\{P_2: \mathrm{Write}(y,2), P_1: \mathrm{Write}(x,4), P_2: \mathrm{Read}(x,0), P_1: \mathrm{Read}(y,2)\}$,因为 $P_1: \mathrm{Write}(x,4)$ 发生在 $P_2: \mathrm{Read}(x,0)$ 前,所以不满足线性一致性,即 $P_2:$ $\mathrm{Read}(x,0)$ 应为 $P_2: \mathrm{Read}(x,4)$。但是,图 5.1(a)满足顺序一致性,在每个进程看来,情况是这样的$\{\mathrm{Write}(y,2), \mathrm{Read}(x,0), \mathrm{Write}(x,4), \mathrm{Read}(y,2)\}$,顺序一致性不需要保证有第三人称视角看到全局时钟,只需要有一个合理的全局顺序就行。图 5.1(b)能够满足线性一致性,因为不通过第三人称视角得出来的结果为$\{\mathrm{Write}(y,2), \mathrm{Write}(x,4), \mathrm{Read}(x,4),$ $\mathrm{Read}(y,2)\}$的确和全局时钟下事情发生的顺序一致。图 5.1(c)连顺序一致性都不能满足,因为经过推导,也不能得到一个自洽的全局的序。

实现线性一致性和顺序一致性往往需要准确的计时设备。谷歌公司曾在其分布式数据库 Spanner 中采用基于原子时钟和 GPS 的 TrueTime 方案,这种方案能够将不同数据中心的时间偏差控制在 10ms 以内。方案简单粗暴而且有效,但存在成本较高的问题。

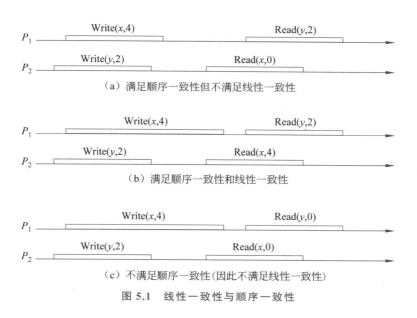

图 5.1　线性一致性与顺序一致性

由于强一致性的系统的实现难度往往比较大,而且很多时候,现实生活中的实际需求并不是严格的强一致性。因此,可以适当地放宽对一致性的要求,从而降低系统实现的难度和复杂性。例如,在一定约束条件下实现最终一致性(Eventual Consistency),即总会存在某一个时刻(而不是立刻),让系统达到一致的状态。例如,平时浏览的大部分 Web 系统实现的都是最终一致性,而不是强一致性。相对强一致性,这一类在某些方面弱化的一致性都统称为弱一致性(Weak Consistency)。

最终一致性不保证在任意时刻的任意节点上每一份数据都是相同的。例如,在图 5.2 中虚线范围内,节点 A、B、C 并不能达成一致。但是随着时间的迁移,不同节点上的同一份数据总是在向趋同的方向变化。简单地说,就是在一段时间后,节点间的数据会最终达到一致状态。

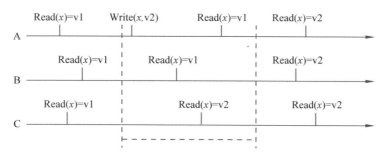

图 5.2　最终一致性并不会在所有时刻达到一致

为了把最终一致性中间的不一致的情况进行规范和分类,最终一致性根据更新数据后各进程访问数据的时间和方式的不同,又可以区分为因果一致性(Casual Consistency)、读你所写（Read-Your-Writes）一致性、会话一致性（Session Consistency）、单调读一致性（Monotonic Read Consistency）和单调写一致性（Monotonic Write Consistency）。

因果一致性适用于进程之间有因果依赖的情况。如图 5.3 所示，进程 A、B 之间存在依赖关系，进程 A、C 之间不存在依赖关系。进程 A 将 x 的值更新为 v2。由于进程 A、B 之间的依赖关系，进程 A 会通过消息 Notify(A,B,x,v2)来通知进程 B。在接到通知后，进程 B 意识到进程 A 把 x 的值设置为 v2。因此，进程 B 后续的操作会对 x 的新值 v2 进行操作，从而进程 A 和 B 保证了数据的因果一致性。另一方面，进程 C 在不一致窗口内可能看到的依旧是 x 的旧值 v1。

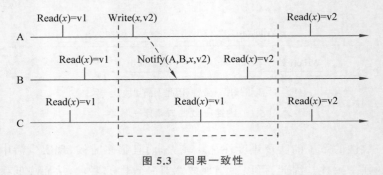

图 5.3　因果一致性

读你所写一致性属于因果一致性范畴中的特例，即进程 A 依赖于进程 A 本身。如图 5.4 所示，进程 A 把数据 x 更新为 v2 后，相当于给自身发出一条通知 Notify(A,A,x,v2)(并无发生)。同理可知，进程 A 后续依据 x 的新数值 v2 进行操作。图 5.4 中的其他进程 B、C 并未受到影响。

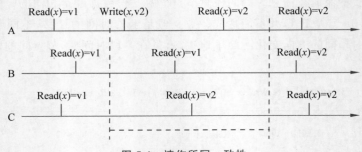

图 5.4　读你所写一致性

会话一致性是读你所写一致性的一种变体。会话一致性，是指读你所写一致性是建立在某个会话中的。对于同一个进程 A，当会话终止了，读你所写一致性也就不需要满足了，即可能读出旧值。如图 5.5 所示，在不一致窗口内，进程 A 在同一个会话内，读出的是 x 的新值 v2。若会话终止，进程 A 仍可能读出 x 的旧值 v1。

单调读一致性保证的是如果分布式系统中的某个进程（在图 5.6 中为进程 C）读取到数据 x 的某个版本的值 v2，那么系统所有进程后序不能读出数据 x 的比值 v2 更旧的版

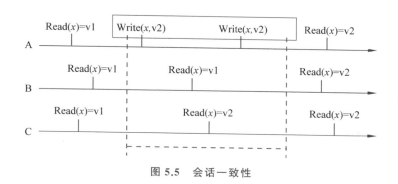

图 5.5　会话一致性

本。图 5.6 中进程 A 在进程 C 读出 v2 后,进程 A 也读出 v2。

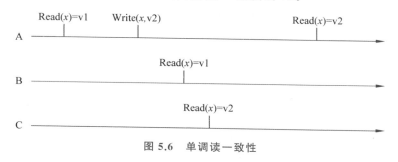

图 5.6　单调读一致性

单调写一致性保证的是同一个进程执行写操作的单调性,即一个进程对数据项 x 的写操作必须在该进程对 x 执行任何后续写操作之前完成。单调写一致性保证客户端的写操作是串行的,方便了程序的编写。

上述不同的一致性可以根据不同的场景要求组合起来使用,例如,单调读和会话一致性可以组合在一起。此外,不同一致性的要求是不同的,根据其要求的规范以及严格程度,可以归纳出不同一致性的关系,如图 5.7 所示。

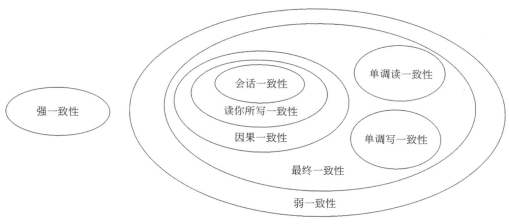

图 5.7　不同一致性的关系

◆ 5.2 共识设计的理论限制

数学家都喜欢对问题先确定一个最坏的理论界限。那么,对于共识问题,其最坏界限在哪里呢? 很不幸的是,在推广到任意情形时,分布式系统的共识问题是无通用解的。这比较好理解,当分布式系统中多个节点之间的通信网络不可靠的情况下,即大多数节点之间的消息都出现丢失的情况下,很显然,无法确保实现共识。那么,对于一个设计得当,可以大概率保证消息正确送达的网络,是不是就一定能保证达成共识呢?

科学家证明,即使是网络通信可靠的情况下,可扩展的分布式系统的共识问题,其通用解法的理论下限是没有下限,即仍然可能无解。这个结论称为 FLP 不可能原理。在本节的剩余部分,将对共识问题的理论界限展开描述,以让读者对共识问题有一个基本的认识。

5.2.1 FLP 不可能原理

即使在网络通信可靠的情况下,分布式系统的共识问题也无通用的解法,这个结论称为 FLP 不可能原理。FLP 不可能原理表明了在分布式情景下,无论任何算法,即使只有一个进程中断,对于其他非失败进程,也存在着无法达成一致的可能。FLP 不可能原理的具体表述如下:在网络可靠,但允许节点失效(即便只有一个)的最小化异步模型系统中,不存在一个可以解决一致性问题的确定性算法。提出并证明该定理的论文 *Impossibility of Distributed Consensus with One Faulty Process* 由 Michael J. Fischer 等科学家于 1982 年发表[9]。FLP 不可能原理本质上告诉人们,不要浪费时间去为一个异步分布式系统设计能在任意情形都能实现共识的确定性算法。

为了正确地理解 FLP 不可能原理,首先要弄清楚"异步"的含义。异步与同步都是一种传输模型,为了更好地理解异步与同步的含义,下面对传输模型进行介绍。在分布式系统中,传输模型主要分为以下两种。

(1) 同步(Synchrony)。指系统中各个节点的时钟误差存在上界;节点所发出的消息,在一个确定的时间内,肯定会到达目标节点(传输时间有上界,且上界已知)。对于同步系统,可以很容易地判断消息是否丢失。

(2) 异步(Asynchrony)。指系统中各个节点可能存在较大的时钟差异;节点所发出的消息,不能确定一定会到达目标节点,可能会丢失(传输时间无上界)。这就无法判断某个消息迟迟没有被目标节点响应是因为出了什么问题(目标节点故障还是传输故障)。在现实生活中,大多数系统都是异步系统。

FLP 不可能原理在原始论文中以图论的形式进行了严格证明。要理解这个原理并不复杂,下面通过一个简单但不严谨的例子来阐述该原理:四个人分别位于全球的四个不同位置对某一个提案进行投票,投票结果为"同意"或者"拒绝"。彼此之间仅能通过电话进行沟通,但是这四个人不可能一直保持在电话旁边,因为他们需要休息。比如某个时候,A 和 D 投票同意,而 B 投票拒绝,C 收到三人的投票,然后 C 睡着了。此时,A、B 和 D 将永远无法在有限时间内获知最终的结果,因为他们无法知道是因为 C 没有应答(由于时差问题,C 可能正在睡觉)还是因为应答的时间过长导致一直无法收到 C 的答复。如果可以重新投票,则类似情形可以在每次取得结果前发生,这将导致共识过程永远无法完成。

FLP 不可能原理实际上说明了对于允许节点失效的情况下,纯粹的异步分布式系统无法保证一致性在有限的时间内完成。即使在所有节点都不是恶意的(非拜占庭错误)前提下,包括 Paxos、Raft 等算法也存在无法达成共识的情况,只是在实践中出现这种情况的概率比较低。

FLP 不可能原理的另一种表述形式为异步的分布式系统不能同时保证活性和安全性。活性反映了来自客户端的请求最终会被处理,即好事总会发生。安全性反映了分布式系统处理了来自客户端的请求后不存在不一致的状态。FLP 不可能原理表明了人们需要在活性与安全性上进行权衡折中。折中方向主要有弱化活性的传输模型假设或者弱化安全性的传输模型假设两个。

可以通过弱化活性的异步假设为同步假设以实现活性,这个方式的代表就是 PBFT。PBFT 中的安全性在异步网络的环境中都能得到保证。但是,PBFT 的活性不能在异步网络中达成,需要在同步模型中达成。换句话说,如果 PBFT 中的网络变成异步的话,可能永远不能完成客户端请求的处理。

可以通过弱化安全性的异步假设为同步假设以实现安全性。这个方式的代表就是比特币工作量证明,工作量证明的活性在异步网络的环境中都能得到保证。但是,工作量证明的安全性是不能保证的,所以会发生分叉的情况,即账本不一致。同时,工作量证明的安全性是一种概率上的安全性,只是账本随着时间被回滚的概率越来越低。另一方面,工作量证明的安全性是依赖同步模型的,只有在 10min 内完成全网广播才能保证不发生分叉。另外,Casper FFG 也是这种类型,但它实现的是一种确定性而非概率性的安全性。

5.2.2　CAP 原理

FLP 不可能原理告诉人们怎么才能设计出一个同时满足活性和安全性的系统,即对传输模型进行不同的假设以实现不同层次的活性和安全性。然而,当人们不能满足这些假设时,需要在牺牲一定的活性以获得更强的安全性,以及牺牲一定的安全性以获得更强的活性之间进行选择。CAP 原理就是通过描述这种权衡来指导分布式系统的设计。CAP 原理最早是 2000 年 ACM 组织的一个研讨会上提出的猜想,后来由 Lynch 等进行了证明并发表。该原理被认为是分布式系统领域的重要原理之一,对于分布式系统的发展有着极大的指导意义。CAP 原理本质上描述的是分布式系统在应用过程中三个特性的取舍,即分布式计算系统不可能同时确保以下一致性(Consistency)、可用性(Availability)和分区容忍性(Partition)三个特性,设计中往往需要弱化对某个特性的保证。

（1）一致性。每次读操作都能得到最近写的结果或者返回错误。

（2）可用性。每次请求都能返回一个非错误结果,但结果不需要是最近写的结果。

（3）分区容忍性。任意节点间的连接中断或大大延迟,系统仍然能够工作。

所有的分布式系统都需要在网络分区的情况下继续工作。因此,分区容错性是所有分布式系统必须满足的。当相对于可用性更侧重一致性的情况下,如果系统因网络分区不能保证自身的数据是最新的,那么系统会返回错误或者超时。当相对于一致性更侧重可用性的情况下,如果系统因网络分区不能保证自身数据是最新的,那么系统会返回查询分区最新的结果(不能保证是全局最新的)。

注意：CAP 原理经常被人误解为在所有时间上需要在一致性、可用性和分区容错性这三个性质中抛弃某一个性质。如果没有发生网络分区,分布式系统正常运行,即同时满足可用性和一致性。

在区块链领域中,比特币更加侧重可用性。在每个网络分区中,工作量证明仍然能生成区块打包交易。然而,不同的网络分区会出现分叉,即账本不一致。当网络分区消失后,一致性能够达到,分叉收敛,可用性和一致性都能达到。同时,PBFT 更加侧重一致性。在每个网络分区中,PBFT 若不能得到 2/3 的投票,PBFT 并不能生成区块打包交易。此时,不同的网络分区也不会出现分叉。当网络分区消失后,可用性能够达到,生成区块打包交易,可用性和一致性都能达到。

◆ 5.3 区块链共识算法

区块链共识算法本质上是为了解决拜占庭问题。拜占庭问题(Byzantine Problem)又称为拜占庭将军问题(The Byzantine Generals Problem),讨论的是允许存在少数节点作恶(消息可能被伪造)场景下的一致性达成问题。拜占庭容错(Byzantine Fault Tolerant,BFT)算法讨论的是在拜占庭情况下系统如何达成共识。

5.3.1 拜占庭问题

1. 两将军问题

在拜占庭问题之前,就已经存在两将军问题(Two General Paradox)。两将军问题描述的是两个将军要通过信使来达成进攻还是撤退的约定,但是信使可以被敌军阻拦或者迷路导致消息无法送达(信息丢失或者伪造)。根据 FLP 不可能定理,两将军问题是无通用解的。

2. 拜占庭问题

拜占庭问题是 Leslie Lamport 等科学家于 1982 年提出用来解释一致性问题的一个虚构模型[10]。拜占庭是古代东罗马帝国的首都,由于其地域宽广,守卫边境的多个将军

（即分布式系统中的多个节点）需要通过信使来传递消息，以对军事活动（系统中的某个提案）达成一致的决定。但由于将军中可能存在叛徒（系统中某些节点作恶），这些叛徒将努力向不同的将军传递不同的消息，试图干扰共识的达成并使得某些将军做出错误的决定。拜占庭问题描述的就是在此情况下，如何让忠诚的将军们能达成行动的一致。论文中指出，对于拜占庭问题来说，假如节点总数为 N，叛变将军数为 F，则当 $N \geqslant 3F+1$ 时，问题才有解，由 BFT 算法进行保证。例如 $N=4$，$F=1$；$N=7$，$F=2$ 等。下面，通过简单的例子来说明当 $N < 3F+1$ 时，拜占庭问题是无解的。

例如，当 $N=3$ 且 $F=1$（$3 < 3 \times 1+1$）时，即三个将军中存在一个叛徒时，那么忠诚的将军无法达成行动的一致。主要有以下两种情况。

（1）提案者 A（忠诚的将军）不是叛徒，提案者发送一个"进攻"的提案出来，并发送给另外一个忠诚的将军 B 和叛徒 C；然而叛徒 C 可以向将军 B 宣称自己收到的是"撤退"的提案，这时将军 B 收到两个相反的提案，无法判断谁是叛徒，则系统无法达成一致。

（2）提案者 A 是叛徒，分别发送"进攻"和"撤退"的提案给忠诚的将军 B 和将军 C，将军 B 和将军 C 都收到两个相反的提案，无法判断谁是叛徒，则系统无法达成一致。

Leslie Lamport 等人在论文 *Reaching Agreement in the Presence of Faults* 中证明，当叛徒不超过 1/3 时，存在有效的拜占庭容错算法。反之，如果叛徒过多，超过 1/3，则无法保证一定能达到一致的结果。

5.3.2　拜占庭容错算法

拜占庭容错算法（Byzantine Fault Tolerance，BFT）是面向拜占庭问题的容错算法，主要用于解决在网络通信可靠但节点可能故障的情况下如何达成共识。拜占庭容错算法最早的讨论出现在 1980 年 Leslie Lamport 等人发表的论文 *Polynomial Algorithms for Byzantine Agreement*[11]，之后出现了大量的改进工作。长期以来，拜占庭问题的解决方案都存在复杂度过高的问题，达到 $O(N^{F+1})$，直到后来实用拜占庭容错算法的提出。

实用拜占庭容错算法（Practical Byzantine Fault Tolerance，PBFT）其实就是给全网消息的顺序进行共识，得到一个全局的序。在恶意节点不高于总数的 1/3 并在一个比较弱的同步假设的情况下，该算法能够同时保证安全性（Safety）和活性（Liveness）。该算法首次将拜占庭容错算法的复杂度从指数级降低到了多项式级 $O(N^2)$。PBFT 应用于联盟链的场景而不应用于公有链的场景有以下三个原因。

（1）PBFT 在网络不稳定的情况下延迟很高。

（2）基于投票机制，而投票集合是有限的，否则无法满足少数服从多数的原则。

（3）通信复杂度 $O(N^2)$ 过高，可拓展性比较低，一般的系统在达到 100 左右的节点个数时，性能下降非常快。

1. PBFT 的基本概念

（1）客户端（Client）。向主节点发起请求的客户端，在区块链中往往跟主节点合二为一。

（2）主节点（Primary）。提案发起者，在区块链中即为区块发起者，在收到客户端请求后生成新区块并广播。

（3）验证节点（Backup）。提案投票者，在区块链中即为区块验证者，在收到区块后进行验证，然后广播验证结果对区块进行投票与共识。

（4）视图（View）。一个主节点和多个备份形成一个视图，在该视图上对某个提案达成共识，在区块链中即为对某个区块达成共识。这里需要注意的是，不同视图的主节点一般是不一样的，即所有节点轮流做主节点，每个视图都会重新选择一个主节点。

（5）编号（Sequence Number n）。在每个视图中由主节点指定的一个数字，即提案的编号，在区块链中可以理解为区块高度。

（6）检查点（Checkpoint）。如果某个编号 n 对应的提案（区块）收到了超过 2/3 的确认，则称为一个检查点。

2. PBFT 的具体流程

PBFT 的核心为三个阶段：预准备阶段（PRE-PREPARE 阶段）、准备阶段（PREPARE 阶段）、提交阶段（COMMIT 阶段）。以图 5.8 为例，介绍 PBFT 共识正常进行的情况。图中的 C 为客户端，0、1、2、3 为共识节点，其中共识节点 0～2 正常执行，而共识节点 3 为故障节点，表现为对其他节点的请求无响应。

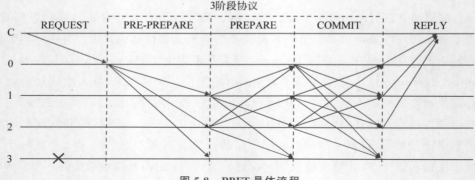

图 5.8　PBFT 具体流程

在该轮共识中，0 是主节点（负责为共识网络提供共识对象），而 1～3 均是验证节点。收到客户端向主节点发起请求后，系统将进行 PBFT 核心的三阶段共识；其中预准备阶段和准备阶段是为了确保同一个主节点发出的消息在同一个视图中是顺序一致的，而准备阶段和提交阶段是为了确保消息在不同的视图之间是顺序一致的。

（1）预准备阶段。主节点收到客户端发来的请求之后，会构造 PRE-PREPARE 消息结构体<<PRE-PREPARE, v, n, d>, m>，并签名后广播给其他节点，其中 PRE-PREPARE 代表当前消息所处的协议阶段，v 为当前视图的编号，n 为主节点广播消息的一个唯一递增编号，d 为消息 m 的摘要，m 为客户端发来的消息，在区块链中可以视为交易。

验证节点收到主节点的 PRE-PREPARE 消息后，会对消息进行检验。验证节点对于消息的检验如下。

① 检查收到的消息摘要 d 与自己对 m 生成的摘要是否一致，确保消息的完整性。

② 检查 v 与当前视图的编号是否一致。

③ 检查序号为 n 是否在高低水位区间 $[h, H]$，防止主节点恶意地快速消耗可用的序号。

④ 检查之前是否已经收到相同 n 和 v，但不同摘要 d 的消息 m，保证验证节点只处理具有相同 n 和 v 消息中的一个。

检验通过之后，节点会构造 REPARE 消息结构体 $<<\text{PREPARE}, v, n, d, i>>$，并在签名后广播给其他节点，其中 v、n、d 的含义与上述的 PRE-PREPARE 消息中一致，i 为本节点的编号。在这个过程中，节点会将 PREPARE 消息和 PRE-PREPARE 消息记录到本地的日志中，用于视图切换中恢复未完成的请求，并重播到网络中在新的视图中继续共识。接下来，节点将进入准备阶段。

（2）准备阶段。当节点收到其他节点的 PREPARE 消息时，会进行如下检验。

① 检验 PREPARE 消息的签名是否正确。

② 当前节点是否已经收到与 PREPARE 消息中 v、n 对应的 PRE-PREPARE 消息，且 n 在区间 $[h, H]$。

③ d 和当前已收到 PRE-PREPARE 消息中的 d 是否一致。

当节点在规定时间内收到 $2F+1$（包括自己）个通过检验的 PREPARE 消息后，则会构造 COMMIT 消息结构体 $<<\text{COMMIT}, v, n, d, i>>$，并签名后广播给其他节点，其中，$v$、$n$、$d$、$i$ 的含义与上述 PREPARE 消息中的一致。在这个过程中，节点会将 COMMIT 消息和其他节点发送的 PREPARE 消息记录到本地的日志中，用于视图切换中恢复未完成的请求。此时，主节点发送的消息已经达到 PREPARED 状态，节点将进入提交阶段。

（3）提交阶段。当节点收到来自其他节点的 COMMIT 消息时，同样会对 COMMIT 消息进行检验，检验的步骤与对 PREPARE 消息的相似。当节点在规定时间内收到 $2F+1$ 个（包括自己）通过检验的 COMMIT 消息，说明当前网络中的大部分节点已经对当前视图内的请求达成共识。此时，节点会处理消息 m 中包含的操作。如果有多个 m，则按照序号 n 从小到大执行。执行完成后，节点会返回结果给客户端。同样，在该过程，节点会将其他节点发送的 COMMIT 消息记录到本地的日志中。

当客户端收到 $F+1$ 个相同的结果（来自不同节点）时，说明已经在全网达成共识，否则客户端需要判断是否重新向主节点发起请求。

3. 日志压缩（垃圾回收）

在上述 PBFT 核心的三阶段过程中，为了确保视图切换能够恢复一些未完成的请求，每一个节点都会记录一些消息到本地的日志中。若对这些日志不加以压缩或者回收，那么日志将占用大量的磁盘空间。在实际的系统中，不管是从日志占用的磁盘空间，还是从新节点加入集群同步日志的网络开销来看，都不允许日志无限地增长。

PBFT 采用检查点（CHECKPOINT）的机制来实现日志压缩。最简单的做法是在节点处理完一个请求并返回结果给客户端之后，再执行一次当前状态的同步。当这种状态同步得到全网的共识后，节点便可将该请求所对应的日志清除。然而，对每个请求作状态同步的成本太高，因此可以在执行完多个请求（例如 k 个）之后执行一次状态同步，而状态同步消息便是在节点之间广播的检查点消息 $<CHECKPOINT, n, d, i>$。

每执行 k 个请求后，节点 i 会创建一个检查点并广播消息 $<CHECKPOINT, n, d, i>$ 给网络中的其他节点，其中 i 为本节点的编号，n 是最后一次执行请求的序号，d 为执行序号为 n 的请求后的状态机的状态摘要。此外，该检查点消息同样会记录到本地的日志中。当节点 i 收到 $2F+1$ 个（包括自己）通过检验的检查点消息以后，则清除序号小于 n 的消息。同时，该检查点变成稳定检查点，其高度为 n。

上述情况属于理想情况，实际上，当节点 i 向其他节点发出检查点消息后，其他节点并未处理完 k 个请求，因此并不会立刻对节点 i 做出响应。节点 i 并不会等待其他节点的回复，而是继续按照自己的节奏向前处理请求，但是节点 i 创建的检查点在此时并未变成稳定检查点。为了防止节点 i 处理请求过快，导致其创建的多个检查点一直无法变成稳定检查点，从而使得日志积压，PBFT 设置了上述提及的高低水位区间 $[h, H]$。其中，低水位 h 等于上一个稳定检查点的高度，高水位 $H = h + L$，其中 L 是系统设定的数值，等于节点周期处理请求数值 K 的整数倍，例如可以设置 $L = 3K$。当节点 i 处理的请求序号到达高水位 $H = L + 3K$，便会暂时停止脚步，直到稳点检查点发生变化再继续向前，从而避免日志的积压。

4. 视图切换

在正常的情况下，客户端发过来的请求 m 都是由当前视图指定的主节点广播到网络中的，但是当主节点系统中断或者作恶，又或者是全网超过 1/3 的节点系统中断时，则当前视图内的消息无法在全网达成共识。此时，PBFT 将通过视图切换协议来将全网的节点切换到新的视图中，并对未完成的请求继续共识，避免节点无限期地等待，从而保证系统的可用性。

在每个视图开始或者节点收到消息时，节点 i 会启动一个计时器，如果此时刚好有定时器在运行，则会重置计时器；但是当主节点系统中断或者其他情况导致节点 i 在当前视图 v 超时的时候，节点 i 就会触发视图切换的操作，启动视图切换协议。节点 i 向其他节点广播 $<VIEW\text{-}CHANGE, v+1, n, C, P, i>$ 消息，其中 n 是最新的稳定检查点的高度，

C 是节点 i 保存的经过 $2F+1$ 个(包括自己)节点确认稳定检查点消息的集合,表明该稳定检查点已经达到全网共识,P 是当前节点保存的 n 之后所有已经达到 PREPARED 状态消息的集合,即已完成准备阶段的消息。

当新视图 $v+1$ 中的主节点 i 收到 $2F+1$ 个(包括自己)经过检验的 VIEW-CHANGE 消息后,将向其他节点广播 $<$NEW-VIEW$,v+1,V,O>$ 消息,V 是有效的 VIEW-CHANGE 消息集合,O 是 PRE-PREPARE 消息集合,但该集合是从已经达到 PREPARED 状态的消息中转换过来的。当其他验证节点收到主节点的 NEW-VIEW 消息后,校验签名,V 和 O 的消息是否合法,验证通过后,则主节点和验证节点都进入新视图。

注意:当主节点 i 收到 $2F+1$ 个 VIEW-CHANGE 消息,可以确认高度为 n 的稳定检查点之间的消息在视图切换的过程中不会丢失,但是当前检查点之后,下一个检查点之前的已经达到 PREPARED 状态的消息会丢失。因此,新视图的主节点会把旧视图中已经达到 PREPARED 状态的消息转换为 PRE-PREPARE 消息,重新广播到网络中了。PRE-PREPARE 消息集合的选取规则如下。

(1) 选取 V 中高度最低的稳定检查点的编号 min,以及 V 中已达到 PREPARED 状态消息的最大编号 max。

(2) 对于 min 和 max 之间的每个序号 n,如果存在某个 P 中,则创建 $<<$PRE-PREPARE$,v+1,n,d>,m>$消息;否则,创建一个空的 PRE-PREPARE 消息 $<<$PRE-PREPARE$,v+1,n,d$(null)$>,m$(null)$>$,其中 d(null)为空消息摘要,m(null)为空消息。

在视图切换中,C、P 和 O 是三个重要的消息集合,C 确保了视图切换时,在最新稳定点之前的状态安全,P 和 O 确保了视图切换中达到 PREPARED 状态的消息能够得到重放,而不会丢失。在前面,提到预准备阶段和准备阶段是为了确保同一视图下消息的一致性,而 C、P 和 O 三个集合就是解决这个问题的,确保在新视图中,主节点重放的旧视图中的消息依旧能保持顺序一致性。

5. PBFT 中节点的状态

上述内容主要介绍了 PBFT 包含的核心流程,这些核心流程中节点可能出现的状态总结如下。

(1) 等待请求。等待客户端的请求,所有节点均处于这个状态,主节点收到客户端请求之后,会切换到预准备状态,而验证节点收到主节点消息后会切换到准备状态。

(2) 预准备。这个状态是主节点专属的,主节点处理客户端的请求并广播 PRE-PREPARE 消息,切换到准备状态。

(3) 准备。节点进入这个状态后,验证主节点的 PRE-PREPARE 消息并生成和广播 PREPARE 消息,同时等待 $2F+1$ 个(包括自己)节点的 PREPARE 确认。

(4) 等待 $2F+1$ 个 PREPARE 确认。如果在超时之前收到 $2F+1$ 个 PREPARE 确

认，则切换到提交状态；否则，切换到视图切换状态。

（5）视图切换。节点广播编号为 $v+1$ 的 VIEW-CHANGE 消息，并等待 $2F+1$ 个（包括自己）VIEW-CHANGE 消息。

（6）等待 $2F+1$ 个 VIEW-CHANGE 消息。

① 当新视图的主节点收到 $2F+1$ 个 VIEW-CHANGE 消息时，广播 NEW-VIEW 消息，并切换到预准备阶段，开始新视图的共识。

② 当验证节点收到 $2F+1$ 个 VIEW-CHANGE 消息，则切换到等待请求状态；若在这之前收到主节点 NEW-VIEW 消息，则开始新视图的共识，切换至准备阶段。

③ 若超时，节点广播编号为 $v+1$ 的 VIEW-CHANGE 消息，继续视图切换的协议，直到新视图切换成功。

6. PBFT 的一些思考

（1）为什么 PBFT 的容错性是 1/3？

假设全网节点总数为 N，其中拜占庭节点个数为 F。拜占庭节点可以故意不回复，也可以给不同的节点发送不同的消息破坏共识的过程。因此，节点必须在收到 $N-F$ 个回复后就要做出决策，否则若 F 个拜占庭节点故意不回复，系统共识将无法进行下去。

此外，在拜占庭环境下，节点收到的 $N-F$ 个回复有可能包含 F 个拜占庭节点的回复，那么正确的消息就是 $N-F-F$ 个，为了遵循少数服从多数的原则，让诚实节点能达成共识，必须使得 $N-F-F>F$。因此，$N>3F$，即全网的节点最少为 $3F+1$ 个，而容错性为 $F/N<=F/(3F+1)$，也就是 1/3。

（2）为什么 PBFT 需要提交阶段？能否简化？

假如 PBFT 简化为预准备阶段和准备阶段两个阶段，当一个节点 A 收到 $2F+1$ 个经过检验的 PREPARE 消息时，便认为全网达成共识。这样是有问题的，因为节点 A 收到 $2F+1$ 个 PREPARE 消息并不代表其他节点也收到足够的 $2F+1$ 个 PREPARE 消息。想象一下，当节点 A 收到 $2F+1$ 个 PREPARE 消息便执行请求，甚至返回结果给客户端。这时，部分节点 B 发生了视图切换，则认为达成共识的请求其实没有达成共识，而是需要在新视图重播的。因此，节点 A 返回结果给客户端是不合理的。

此外，在节点 B 尚未收到足够的 PREPARE 消息，在视图切换的过程中也是拒收 PREPARE 消息的。因此，这部分节点的状态机会少执行一个请求。当视图切换后，该请求对应的 PREPARE 消息会被重放，而节点 A 收到重放的 PREPARE 消息会面临该请求已经被执行过，是否需要再次执行，这将导致状态机的二义性。

（3）PBFT 的复杂度是多少？

在 PBFT 核心三阶段中的预准备阶段和准备阶段，网络中的每一个节点都需要给其他节点广播消息，假设总节点数为 N，则通信开销的复杂度为 $N(N-1)$。因此，PBFT 的（通信）复杂度为 $O(N^2)$。一般，PBFT 集群的节点数目不会超过 100 个。

5.3.3 比特币的工作量证明共识机制

比特币的工作量证明共识机制给予了解决拜占庭问题的新思路。工作量证明能够在恶意节点的算力不超过系统总算力 1/2 的情况下解决拜占庭问题。工作量证明 1/2 的容错阈值比 BFT 类共识机制 1/3 的容错阈值要高,其主要原因是 BFT 类共识机制解决拜占庭将军问题的框架是通过投票的方法实现的,而工作量证明是通过争夺记账权的方式而非以合作投票的方式解决拜占庭将军问题。

工作量证明是一种阻断服务攻击的手段。工作量证明要求用户获取服务前需要进行适当复杂的计算来证明用户对服务的真实需求。在比特币工作量证明中,矿工通过执行工作量证明来竞争区块链上的记账权,而算力占优的诚实矿工会率先得到所需的工作量。图 5.9 描述了比特币工作量证明的流程。矿工都是基于自身打包的区块进行工作量证明的。在进行工作量证明的过程中,相互独立的矿工并行对区块头的随机值字段 Nonce 进行遍历。每次遍历都对区块头进行两轮 SHA256 哈希算法(隶属 SHA2),即把区块头映射到 32B 的二进制空间中。两轮哈希算法的设计主要是为了避免哈希算法 SHA256 潜在的延展性攻击。哈希算法的单向性及映射结果的均匀性保证了矿工不能从工作量目标值反向推出合法随机值。矿工只能通过填充随机值字段对哈希函数进行碰撞。只有当区块头两轮哈希运算后得到的值小于工作量目标值,矿工才算完成了工作量证明。在工作量证明的流程中,矿工的哈希速率越快则碰撞次数越多,碰撞次数越多则达到所需工作量的概率会越大。可见,矿工是基于哈希速率对比特币的记账权进行竞争的。

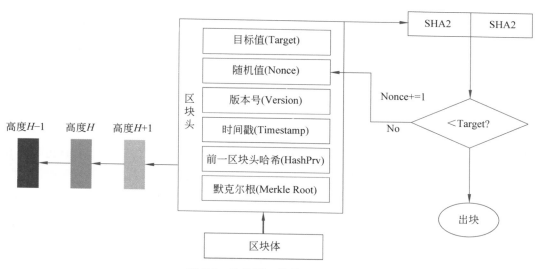

图 5.9 比特币工作量证明流程

若某矿工率先完成工作量证明,则该矿工广播该区块至区块链网络。区块链网络中的其他矿工把接收到的区块作为候选区块进行验证,其中包括验证 Nonce 是否满足工作量证明的要求。若验证通过,则把该区块插入本地的数据库中并进入下一轮共识;若验证不通过,则继续进行工作量证明。依据最长的区块链被认可为全局账本的原则,算力占优的诚实矿工会一直基于最长链进行共识并延伸最长链,使得恶意矿工自身难以构造出更长的区块链。因此,恶意矿工无法影响全局账本。比特币选择最长链作为全局账本的原因是最长链承载着次数最多的工作量证明。

比特币网络的难度约束主要是为了保证网络的出块速度以及算力竞争程度的可控性。基于哈希函数具有的性质,不同的输入哈希运算后得到的结果会均匀地分布在值域空间,而通过控制哈希运算后得到的值的大小(前方 0 的个数)可以控制一次哈希运算后就能得到满足难度要求的概率。同时,因为网络算力大小会出现波动,为了控制出块速度的稳定性,当网络算力大(全网每秒的哈希运算次数多)时,需要提升全网难度。当网络算力小时,需要降低全网难度。

针对比特币的共识机制的攻击主要是比特币的双花攻击。双花攻击的过程大致如下:攻击者付钱购买商品,然后商家等待该交易所在的区块 N 被后续足够多的区块所引用,则给攻击者发货。攻击者在付钱的同时,开始在暗地里用自己的算力来支持双花交易(可以使付钱交易无效的交易),即从高度 N 开始制造分叉。若攻击者的算力足够大,则暗地里的分叉链的长度会大于当前主网的链。当攻击者收到货以后,就会广播分叉链,由于分叉链的长度比当前主网链要长,所以区块链网络舍弃当前主网链,采用分叉链为最新主网链,从而付费交易失效,而双花交易成功。

已知诚实矿工的算力占全网算力的比例为 p 而攻击者的算力占全网的比例为 q,其中 $p+q=1$。攻击者攻击成功的概率可以利用泊松过程的模型以及二项随机游走模型进行分析。根据赌徒破产模型,攻击者在落后 z 个区块的情况下,攻击者能够追上诚实矿工的概率如下。

$$Q_\xi(z) = \begin{cases} \xi^z & \xi < 1 \text{ 且 } z > 0 \\ 1 & \xi \geqslant 1 \text{ 或 } z \leqslant 0 \end{cases}$$

其中,$\xi = \dfrac{q}{p}$。

假设区块链系统是 y 确认的。y 确认代表当交易被 y 个区块所支持时交易被认为几乎不可能被逆转。比特币中的 y 常被取为 6。而当主链上观察到 y 确认时,攻击者暗地挖到的区块数量 x 满足参数为 $\lambda = \xi y$ 的泊松分布,并记为 $p(x)$。攻击者攻击成功的概率如下。

$$P(\text{攻击成功};y\text{ 确认}) = \sum_{x=0}^{+\infty} p(x)Q_\xi(y-x) = 1 - \sum_{x=0}^{y} \frac{\lambda^x e^{-\lambda}}{x!}\left(1 - \left(\frac{q}{p}\right)^{y-x}\right)$$

随着 y 的增大,p(攻击成功;y 确认)呈现指数级别下降,这里将证明的任务留给读者(可参考比特币白皮书)。为了让读者了解工作量证明的具体实现过程,以图 5.10 所示的比特币主链上高度为 125552 的区块来还原这些细节。表 5.1 展示了比特币区块头的 6 个主要字段的存储大小和相关描述,这些字段将用于工作量证明。注意:工作量证明中比特币会对区块头的字段进行小端编码。

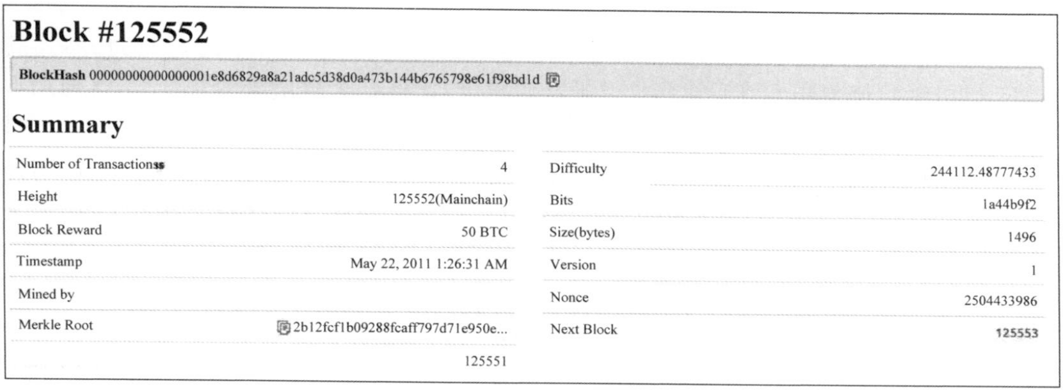

Block #125552

BlockHash 00000000000000001e8d6829a8a21adc5d38d0a473b144b6765798e61f98bd1d

Summary

Number of Transactions	4	Difficulty	244112.48777433
Height	125552(Mainchain)	Bits	1a44b9f2
Block Reward	50 BTC	Size(bytes)	1496
Timestamp	May 22, 2011 1:26:31 AM	Version	1
Mined by		Nonce	2504433986
Merkle Root	2b12fcf1b09288fcaff797d71e950e...	Next Block	125553
	125551		

图 5.10　高度为 125552 的区块的信息

表 5.1　比特币区块头的 6 个主要字段

字　　　段	存储大小/b	描　　　述
Version	32	区块的版本信息
hashPrevBlock	256	上一个区块的哈希值
hashMerkleRoot	256	比特币交易构造的默克尔树的根
Timestamp	32	区块的时间戳（秒级别）
Target	32	当前的区块目标值
Nonce	32	用于工作量证明生成合法区块

工作量证明的 Python 代码如图 5.11 所示。

```python
import hashlib
# 分别对应上述的6个小端模式字段
header_hex = ("01000000" +
"81cd02ab7e569e8bcd9317e2fe99f2de44d49ab2b8851ba4a308000000000000" +
"e320b6c2fffc8d750423db8b1eb942ae710e951ed797f7affc8892b0f1fc122b" + "c7f5d74d" + "f2b9441a" +
"42a14695")
# 把string解码成hex的形式
header_bin = header_hex.decode('hex')
# 双重hash
hash = hashlib.sha256(hashlib.sha256(header_bin).digest()).digest()
# hash的小端模式结果，比特币区块中存的是这个结果
hash.encode('hex_codec')
'1dbd981fe6985776b644b173a4d0385ddc1aa2a829688d1e0000000000000000'
# hash的大端模式结果
hash[::-1].encode('hex_codec')
'00000000000000001e8d6829a8a21adc5d38d0a473b144b6765798e61f98bd1d'
```

图 5.11　工作量证明的 Python 代码

5.3.4　以太坊共识算法 Ethash

Ethash 是以太坊等区块链使用的工作量证明共识机制。不同于比特币工作量证明，Ethash 是为了抵抗专门应用的集成电路（ASIC）而设计的工作量证明共识机制。抵抗 ASIC 的出发点是让更多的人能够利用普通计算机设备及通用型 GPU 参与区块链网络

的共识而无须购买 ASIC 矿机。ASIC 矿机的出现是技术进步的体现,ASIC 矿机上每次哈希操作的速度更快、耗能更低;但另一方面,它也提高了节点参与共识的门槛。在 ASIC 矿机哈希速率高于普通计算机设备及通用型 GPU 几个数量级的背景下,普通用户必须购买矿机才能参与共识。

Ethash 被设计为输入/输出(I/O)密集型工作量证明共识机制以获得抗 ASIC 的性质。在个人计算机中 CPU 或 GPU 对 I/O 操作已经得到比较好的优化的情况下,要通过制造 ASIC 矿机以进一步优化 I/O,其技术难度大且成本高。著名矿机制造商比特大陆 2014 年已经推出了针对 Ethash 的矿机,然而由于 Ethash 本身的特性,比特大陆在 Ethash 上的矿机并没有像其设计的比特币矿机一样,带来几个数量级的性能的提升。

1. Ethash 算法摘要

(1)跟比特币的矿工不同,以太坊中的矿工在挖矿过程中不仅需要找到一个合适的 Nonce 填充到区块头中,还需填充一个 MixDigest 字段,这是矿工在挖矿过程中计算出来的,作为矿工挖矿过程中的内存消耗证明。在矿工验证区块的时候也会用到 MixDigest 字段。

(2)在挖矿前,矿工会根据区块高度生成一个种子 seed,然后根据 seed 生成一个约 16MB 的缓存 cache,这些 cache 由轻节点存储。

(3)全节点会根据 cache 用特定的算法生成一个 GB 级别的 dataset,dataset 中每一项都是由 cache 中的一小部分数据计算出来的,其大小随着时间增长。这是为了抵消摩尔定律下硬件性能的提升而设计的。此外,dataset 可以理解为一个以有向无环图(DAG)形式组织起来的随机数序列,后续在挖矿过程中被矿工利用。

(4)cache 和 dataset 的内容并非不变,而是每隔一个纪元 epoch(30 000 个区块)由新的 seed 重新计算。新的 seed 的取值仅与区块高度相关,因此 dataset 是可以预生成的。如果没有预生成,节点需要等待 dataset 生成才能继续挖矿出块操作,这将导致在每个纪元的过渡时间,网络也会经历一个较大的区块延迟。注意:当首次启动一个节点时,挖矿公示只会在 dataset 生成之后才开始。

(5)挖矿工作包含了抓取 dataset 的随机片段,以及运用哈希算法计算它们。验证工作能够在低内存的环境下进行,通过使用 cache 来生成所需的特定片段,所以轻节点主要存储 cache 便可以完成验证工作。

2. Ethash 挖矿流程

图 5.12 是 Ethash 工作量证明的流程图。矿工首先依据区块头和填充的随机值通过 Keccak256 哈希算法(隶属 SHA3)生成哈希值 H,并将 H 整合为一个包含 32 个 Uint32 元素的数组 Mix(0)(一共 128B)。然后将 Mix(0)通过某个特定算法映射到 dataset 中,抓取 dataset 某个片段数据 data。接着将 data 和 Mix(0)通过 FNV 哈希算法进行混合,得到新的混合结果 Mix(1)。

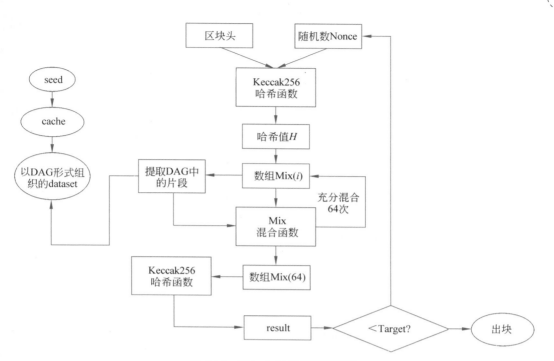

图 5.12　Ethash 工作量证明流程

　　FNV(Fowler-Noll-Vo)哈希算法，是以三位发明人 Glenn Fowler、Landon Curt Noll、Phong Vo 的名字组合来命名的。我们知道，哈希算法最重要的目标就是要平均分布(高度分散)，避免碰撞，最好相近的源数据加密后完全不同，哪怕它们只有一个字母不一样。FNV 是一种非密码学的哈希函数，逻辑很简单，能快速对大量数据进行哈希并且保持较小的冲突率。FNV 算法会基于一个质数来做哈希操作，图 5.13 显示 32 位的 FNV 函数的具体代码，其中 0x01000193 是 FNV 针对 32 位数据的哈希质数，函数 fnv 用于操作单个 Uint32，而函数 fnvHash 用于操作 Uint32 数组，上述 data 和 Mix(0)的混合过程正是采用 fnvHash 这个函数。

```go
func fnv(a, b uint32) uint32 {
    return a*0x01000193^b
}

func fnvHash(mix []uint32, data []uint32) {
    for i := 0; i<len(mix); i++ {
        mix[i]=mix[i]*0x01000193^data[i]
    }
}
```

图 5.13　以太坊使用的 FNV 函数

　　然后，基于新的混合结果 Mix(1)再去抓取 dataset 中某个片段，继续上述的混合操作，循环混合 64 次之后得到最后的混合结果 Mix(64)。接着，将 Mix(64)整合为 32B 的

digest,并依据 H 和 digest 采用 Keccak256 哈希算法生成最终的哈希值 result,并与目标值进行比对,判断其是否满足出块的条件。若满足条件,则将 digest 和 Nonce 分别填充到区块头的 MixDigest 字段和 Nonce 字段,其他节点将利用这两个字段对该区块进行工作量证明的相关验证。从上述过程可以看出,Ethash 生成工作量的过程需要 GB 级别的 dataset 不断地读取片段数据。相比于比特币工作量证明,Ethash 增加了对内存消耗的要求,要求矿工提供在挖矿过程中使用大量内存的证明,最终达到抵抗 ASIC 的目的。

另外,Ethash 的设计中比较巧妙的一点在于其支持轻节点对区块进行验证。Ethash 对区块合法性的验证不需要直接从 dataset 获取数据而可以通过 cache 快速生成所需的特定片段数据。因此,验证节点只需保存一个 16MB 的 cache 即可,并不需要保存整个 dataset。

无论是比特币工作量证明,还是抗 ASIC 的 Ethash,两者的本质上是一样的。Ethash 侧重的是工作量证明过程中快速 I/O 的能力,而比特币工作量证明侧重的是哈希速率。本质上二者都为计算能力的某种特例。然而,此两种类型的工作量证明均在做无意义的哈希运算或 I/O。

5.3.5 以太坊共识算法 Casper(选学)

1. 权益证明

公有区块链采用的共识机制主要有工作量证明(PoW)和权益证明(PoS)两种。工作量证明是最简洁且运行时间最长的区块链共识机制,然而工作量证明具有能源消耗巨大的问题。据 2018 年的数据显示,如果将比特币网络看成是一个国家,那么它的电力消耗可以排到世界第 21 位。工作量证明的矿工通过算力去竞争区块链的记账权,算力越大区块链系统越安全,因为恶意矿工难以控制全网过半以上算力对区块链进行攻击。算力竞争是能源消耗的来源,但从比特币的角度来说,这样的能源消耗是有价值的,它维护了一个去中心化账本系统的安全性。从一个更细的粒度上看,在目前主流的工作量证明中,算力竞争的形式是通过求哈希函数的解,而求解哈希函数本身是没有意义的。从这个角度来看,这些电力的确是浪费了。但是,基于算力去竞争记账权并非是唯一途径。公有链的共识机制可以泛化为:基于某种稀缺资源对记账权进行竞争,形成了攻击门槛(获取稀缺资源的难度)。

权益证明中的稀缺资源为权益,权益的表现形式大多为公有区块链上的加密货币,包括持币量和币龄等。权益很明显满足稀缺资源的定义,而通过权益争夺记账权就没有能源消耗的问题了。简单来说就是谁拥有的权益越大,其话语权就越大,区块奖励也会按照权益的大小来分配。目前,区块链行业出现利用权益证明替代工作量证明的趋势。忽略一些仍有争议的权益证明与工作量证明的优劣对比,如二者中哪个更加安全、更加去中心化等,从技术上看,权益证明相对于工作量证明在公有区块链上主要面临长程攻击(Long Range Attack)和无利害关系(Nothing at Stake)两个挑战。

无论工作量证明还是权益证明,若攻击者拥有足够多的算力或权益,他是可以对区块链进行攻击的。然而,在权益证明中,存在一种比较隐蔽的攻击方式,称为长程攻击。长程攻击,是指区块链矿工/验证者在退回抵押的权益后,从历史上的某个区块开始重写后续区块,由于矿工/验证者已经没有保证金,系统就不能对该攻击矿工/验证者进行惩罚。这样的攻击具有现实的意义。攻击者通过获得了一些账户的私钥,只要私钥在历史上某一时刻控制了超过 51% 的权益,就可以完成攻击。而采用权益证明的公有区块链的早期投资人在二级市场把持有的代币套现后,会很乐意地将地址私钥卖给攻击者,因此攻击者获得这些私钥的成本是很低的。

工作量证明则不会出现这个问题,矿工很容易从区块链的长度分辨出主链,因为工作量证明是客观的,不依赖于区块链本身。不同于工作量证明,权益证明实施长程攻击后很容易制造出一条难以分辨的分叉链,如可能比当前主链还要长得多。配合女巫攻击,新加入的矿工节点难以分辨出主链。因此,新参与者需要咨询受信任节点以安全地冷启动,该方式称为主观依赖(Weak Subjectivity)。当前该问题只能缓解而不能解决,可以称为权益证明的达摩克利斯之剑。

无利害关系也是因权益证明不够客观造成的。区块链中由于网络延迟等原因出现分叉是很常见的情况。若出现两个分叉,工作量证明的矿工有三种策略(见图 5.14(b)～图 5.14(d),其中,p 表示某分叉成为主链的概率,EV 表示矿工的期望收益)。为了谋取最大的期望收益,矿工的最优策略是选择某个大概率分叉投入算力,具体的方式通常为基于自己最先收到的区块的分叉投入算力。这样,分叉就会慢慢收敛,系统的账本维持一致。

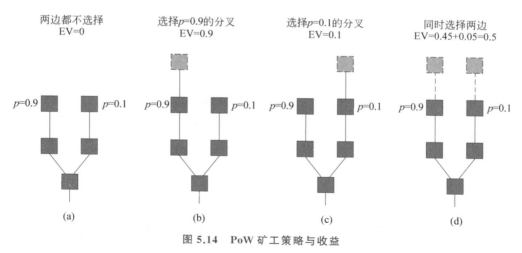

图 5.14　PoW 矿工策略与收益

在工作量证明中,一个矿工若想同时在多个分叉上挖矿,就必须将自己的算力分散在多个分叉上,并且所有分叉上分配的算力总和不超过矿工拥有的总算力。例如,矿工选择图 5.14(d),即他选择在两个分叉上投入算力进行挖矿,此时他将自身的算力平分两个分叉上,期望收益 EV＝0.9×0.5＋0.1×0.5＝0.5。因此,对于多数矿工而言,将自己的全部算力投入到协议指定的链上是最优的选择,即图5.14(b)。

相对于工作量证明矿工的每份算力只能选择一个分叉进行投入,权益证明矿工的每份权益可以同时在所有的分叉上押宝。在所有分叉上押宝并不会损害权益矿工的权益,因为权益矿工选择分叉时并不需要投入算力,而仅仅只是将自己的权益标记为选择某个分叉;相反地,这样无论哪条链被确认为主链,权益证明矿工都能获得收益。因此,追求挖矿收益最大化的矿工会在两边同时参与,即图5.15(d)(其期望收益 EV＝0.9×1＋0.1×1＝1.0),因而导致权益证明区块链长时间维持分叉的状态。

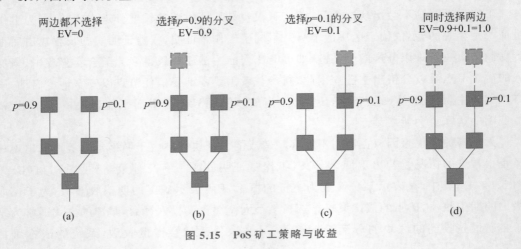

图 5.15 PoS 矿工策略与收益

2. Casper FFG

Casper FFG 是目前比较有潜力的权益证明共识机制[13]。截至本书修订时,以太坊社区正计划在 2022 年 9 月实施二次称为"合并"的硬分叉升级,将 PoW 机制切换为 PoS 机制,其中就包含了 Casper FFG。Casper FFG 是一种拜占庭容错风格的权益证明,其目前容错率为 1/3。相对于链式的权益证明,拜占庭容错风格的权益证明在复杂的网络环境中的输出和延迟会更加稳定。

针对权益证明存在的长程攻击以及无利害关系,Casper FFG 采用了以下两种手段。

(1)针对长程攻击,Casper FFG 要求验证者在离开验证者集合拿回抵押的保证金前必须要经过一个解冻期以符合同步的前提,比如 4 个月。这样,在以下两种情况下,区块链节点会进入"错误"的链,否则节点会发现攻击者回滚被终结区块的证据。

① 节点第一次加入区块链网络时。

② 节点离线时间超过 4 个月。

这样只是缓解了长程攻击的问题,并没有从根本上解决问题。

(2)保证金的引入解决了无利害关系的问题。因为在 Casper FFG 中,若一个矿工出现恶意的投票行为,即同时支持两个互不兼容的分叉时,区块链网络中的节点会发现,并提交证据(同一人签名的矛盾投票),系统会对恶意投票者的保证金进行划扣,见图 5.16(b)和图 5.16(c),其中不正确投票以及在两边同时投票的投票者都受到惩罚,且罚金远大于投票带来的收益。例如,投票者选择图 5.16(d),罚金为 5,则其期望收益 $EV=0.9\times1+0.1\times1-5=-4$,投票者处于亏损状态。因此,矿工的最优策略不再是在所有分叉中投票,而是努力地选择一个正确的分叉进行投票,因而无利害关系被解决了。

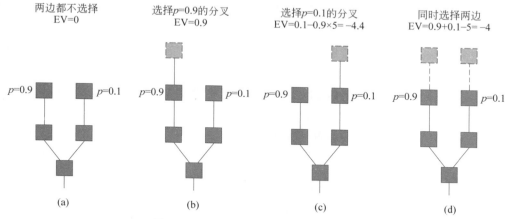

图 5.16　Casper FFG 的矿工策略与收益

为简单起见,下面主要介绍 Casper FFG 的最简单的版本(验证者集合不发生变动),且不分析其激励机制的设计。在 Casper FFG 中,区块的生成仍然依靠底层的矿工,而验证者集合用于确认区块链的主链,不涉及区块生成本身。验证者集合是对检查点(Checkpoint)进行确认,而不是对每个区块进行确认。当前,每 100 个区块就是一个检查点。下面共识的表述都是基于检查点而非基于区块。

在 Casper FFG 中投票的形式:$<v,s,t,h(s),h(t)>$,其中,各字段的含义见表 5.2。

表 5.2　投票字段表

符　　号	描　　述
v	投票者的 ID
$s(source)$	投票的源,合理检查点的哈希值
$t(target)$	投票的目标,源 s 的某个后代检查点的哈希值
$h(s)$	源的高度
$h(t)$	目标的高度

假设投票者 v 的两次投票$<v,s1,t1,h(s1),h(t1)>$和$<v,s2,t2,h(s2),h(t2)>$触犯以下两个条件之一时,投票者 v 可以被认为是作恶,进而被罚没保证金。

(1) $h(t1)=h(t2)$但 $s1\neq s2$。

(2) $h(s1)<h(s2)<h(t2)<h(t1)$。

条件(1)反映了对于同一个高度,投票者认可了两个不同的检查点。对于条件(2)描述的是这样的一件事情,投票者同时认可 s2->t2 及 s1->t1,而后者在区块链中完全包含前者。如果投票者认可 s1->t1,那么何须对 s2->t2 投票,可见投票者有潜在的作恶动机。上面只是直观地表述,后面会对这两个条件进行严格地论述,表示二者缺一不可。

检查点的关键状态有合理检查点(Justified Checkpoint)和确定检查点(Finalized Checkpoint)两个。值得注意的是根节点既是合理检查点,又是确定检查点。下面讨论非根节点的情况。

(1)合理检查点。如果有 2/3 以上的权益的投票为 $c'->c$,c' 是合理检查点,那么 c 也成为了合理检查点。

(2)确定检查点。如果有 2/3 以上的权益的投票为 $c'->c$,c 是 c' 的直接子检查点 $(h(c)=h(c')+1)$,那么 c' 成为了确定检查点。

确定检查点代表的是该检查点共识成功。相对于 PBFT 的流程,一个检查点成为合理检查点相当于 PREPARED,即得知 2/3 的节点都认可这个检查点。后面,该合理检查点成为确定检查点相当于 COMMITED,即得知 2/3 的节点都知道有 2/3 的节点认可这个检查点。因此,类似的 1/3 也就成了 Casper FFG 的容错率。

Casper FFG 的整套机制本质上是为了保证共识机制的活性以及一致性而设计的。在 Casper FFG 中若在某个高度上达不成共识(很有可能发生的),那么它是可以继续往前进行共识的,即可以在后面的高度上达成共识,进而确定前面的高度。在保证活性的前提下,一致性也可以得到保证。

在小于 1/3 权益作恶的情况下,存在如图 5.17 所示的情况。其中灰色箭头表示获得 2/3 以上权益的投票,r 为多个分支的公共起点。由于前面提及的条件①: $h(t1)=h(t2)$ 但 $s1\neq s2$,可以发现,在同一高度上,不可能出现分属不同分支的两个合理检查点。但如果忽视条件②,即不对同时给 a2->a3,b2->b3,(其中 $h(b2)<h(a2)<h(a3)<h(b3)$)投票的投票者进行惩罚,那么可以发现,a2 和 b3 都会成为确定检查点,但二者是相互矛盾的,此时无法确认哪个分支是合理的。

或许有人会感到疑惑,为什么确定检查点一定需要对应"直接"子检查点(即子检查点的高度必须是确定检查点的高度加1)?假如只设置为子检查点,即只要满足有 2/3 以上的权益的投票为 $c'->c$,而无须满足 $h(c)=h(c')+1$,则可以认为 c' 成为一个确定检查点。那么可以想象图 5.18 的情况,有 2/3 以上的权益投票为 a2->a1,b2->b1 且 $h(a2)=h(a1)+2,h(b2)=h(b1)+2$,此时,相互矛盾的检查点 a1 和 b1 均被确认为确定检查点,这样系统将无法确定哪个分支是合理的,并选择对的矿工给予奖励。

5.3.6　EOSIO 共识算法 BFT-DPoS(选学)

1. 委托权益证明

与前面介绍的权益证明类似,委托权益证明(Delegated Proof of Stake,DPoS)同样是

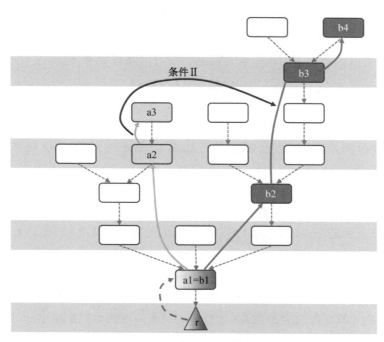

图 5.17 Casper FFG 能保证一致性

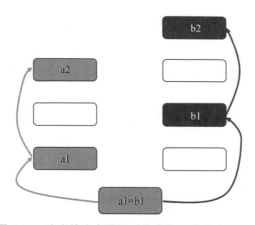

图 5.18 确定检查点需要对应直接子检查点的原因

基于权益来争夺区块链的记账权,获取区块的奖励。权益证明本质上是一种"全民投票"的选举机制,权益证明人基于自身拥有的权益争取成为区块的创建者。但是,随着权益证明人的增多,"全民投票"的效率将大幅度降低,达成共识所需的时间也将会延长。委托权益证明则提供了一个解决此问题的思路。委托权益证明在成千上万个 PoS 节点中,通过某种机制(如持有代币的数量)选举出若干(奇数个)代表节点,进而在这几个代表节点之间进行投票选举(在一些实现中甚至会在这些节点间以令牌环的方式进行轮询,进一步减少投票开销)出新区块的创建者,这样可避免在网络中全部节点之间进行选择。

委托权益证明能够大幅度提升选举效率。在几十个到上百节点之间进行一致性投票,一般可以在秒级完成并达成共识,因此 DPoS 机制可以将事务确认时间提升到秒级,通过减少投票节点的数量或采用令牌环机制甚至可以降低到毫秒级。

2. BFT-DPoS

EOSIO 项目刚刚发布时采用的共识机制是委托股权证明,这种共识机制采用随机的见证人(即权益证明人)出块顺序,出块速度为 3s,交易不可逆(即不会被回滚)需要 45s。为什么需要 45s 呢?通过下面的例子进行解释。如图 5.19 所示,因为在委托股权证明下,见证人生产一个新区块,才表示他确认了之前的整条区块链,表明这个见证人认可目前的整条链是合法的。而一个交易要达到不可逆状态,需要 2/3(源自拜占庭容错算法 2/3 的安全阈值)以上的见证人确认,在 EOSIO 的具体机制下就是 14 个见证人(EOSIO 通过"全民投票"的形式一共选举了 21 个见证人,因此 $21 \times 2/3 = 14$)。假设一个交易被包含在高度为 100 的区块中,则需要其他 13 个见证人轮流出块至 113 号区块,才能"收集"到 14 个见证人(包括生产 100 号区块的见证人)对此交易的确认。因此,获得 2/3 以上的见证人确认的交易才算是不可逆的交易,这就是 45s 交易确认时间的由来。

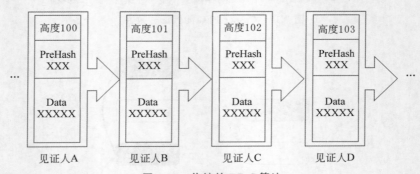

图 5.19　传统的 DPoS 算法

为了缩短传统的 DPoS 的交易确认时间(45s),EOSIO 借鉴 PBFT 共识机制的思想进行改进。在传统 DPoS 共识机制中,每个见证人在出块时需要向全网广播这个区块,但即使其他见证人收到了目前的新区块,也无法对新区块进行确认,需要等待轮到自己出块时,才能通过生产区块来确认之前的区块。

如图 5.20 所示,在新的机制下,每个见证人出块时依然全网广播,其他见证人收到新区块后,立即对此区块进行验证,并将验证签名立即返回出块见证人,不需要等待其他见证人出块时再确认。从当前的出块见证人看来,他生产了一个区块,并全网广播,然后陆续收到了其他见证人对此区块的签名确认,在收到 2/3 见证人确认的瞬间,区块中的交易就被认为是不可逆的了。交易确认时间大大缩短,从 45s 缩短至 3s 左右,即等待生产一个区块的时间。这种机制可以称为初级版的 BFT-DPoS 共识机制。

为了获得更高的性能,EOSIO 在初级版 BFT-DPoS 共识机制的基础上又进行了修

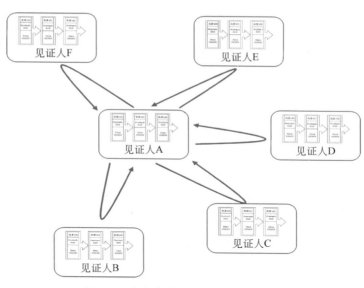

图 5.20 初级版的 BFT-DPoS 共识机制

改,如图 5.21 所示。首先,将出块速度从之前的 3s 缩短至 0.5s,理论上这样可以极大地提升 EOSIO 系统的性能,但是也带来了网络延迟问题。0.5s 的确认时间会导致当前出块者还没有收到上一个出块者的区块,就该生产下一个区块了,那么当前出块者会忽略上一个区块,导致区块链分叉。比如:中国见证人后面可能就是英国见证人,而中英网络延迟有时高达 500ms,导致英国见证人没有收到中国见证人的区块时就该出块了,那么中国见证人的区块就会被略过。此时,英国见证人产出的区块并不是接在中国见证人的后面,而是与中国的处于同一个高度,接在链的最尾端,从而导致了分叉。为解决这个问题,EOSIO 将原先的随机出块顺序改为由见证人商议后确定的出块顺序,这样网络连接延迟较低的见证人之间就可以相邻出块。比如:日本的见证人后面是中国的见证人,然后后面是俄罗斯的见证人,再后面是英国的见证人。这样可以大大降低见证人之间的网络延迟,使得 0.5s 的出块速度有了理论上的可能。为了更高的可靠性,不让任何一个见证人的区块因为网络延迟的意外而被跳过,EOSIO 让每个见证人连续生产 6 个区块,也就是每个见证人还是负责 3s 的区块生产,但是由最初的只生产 1 个变成生产 6 个。最恶劣的情况下,6 个区块中,最后一个或两个有可能因为网络延迟或其他意外被下一个见证人略过,但 6 个区块中的前几个会有足够的时间传递给下一个见证人。从 EOSIO 主网上线至今,这种恶劣情况出现的次数极少,也验证了这种设计的可靠性。

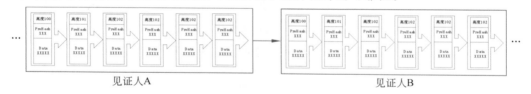

图 5.21 升级版的 BFT-DPoS 共识机制

再来讨论升级版的 BFT-DPoS 共识机制的交易确认时间问题：每个区块生产后立即进行全网广播，区块生产者一边等待 0.5s 以生产下一个区块，一边会接收其他见证人对于上一个区块的确认结果。新区块的生产和旧区块确认的接收同时进行。大部分的情况下，交易会在 1s 之内确认（不可逆）。这其中包括了 0.5s 的区块生产时间和要求其他见证人确认的时间。

5.3.7　Monoxide（选学）

Monoxide 相应论文 Monoxide：*Scale Out Blockchain with Asynchronized Consensus Zones* 于 2019 年由计算机网络顶级学术会议 NSDI 所接收[14]。其中，Monoxide 主要利用分片的思想把区块链划分为多个共识组以提升区块链的可扩展性。当前单一的、整体式的区块链系统，具有交易处理速度慢、吞吐量低的问题。因此，可考虑将单一系统分割成一定程度上独立的 N 个共识组子系统，以线性地提升整个系统的交易处理速度与吞吐量。分片的设计主要需要解决以下两个问题。

（1）如何处理跨共识组交易？若 Alice 的账户位于共识组 A，Bob 的账户位于共识组 B，那么 Alice 需给 Bob 转账的情况就是属于跨共识组交易。

（2）如何保证各个共识组的安全性？以工作量证明为例，挖矿的算力需要被分散到 N 个共识组。那么，每个共识组的算力就只占全网算力的 $1/N$。这样，每个共识组的安全性受到了严重地威胁。

对于问题（1），和行业的一贯思路一样，Monoxide 通过对跨共识组交易进行解耦以保证跨共识组交易的最终一致性。若地址 A 向处于不同共识组的地址 B 发起转账，Monoxide 则把该跨共识组交易分解为两个原子交易。假设交易 TX 表示 A 转账给 B 的金额为 X，传统的区块链对该交易的处理是原子性的，即 $A=A-X$，$B=B+X$ 是同时发生的。而在 Monoxide 中，该交易被拆分为 TX_0：$A-X$ 和 TX_1：$B+X$。TX_0 首先在地址 A 属于的共识组中进行共识，然后该共识组矿工发起接力交易 TX_1 至地址 B 属于的共识组进行共识。因此，由 N 个共识组构成的系统与单一系统相比，交易的吞吐量和 TPS 约为原来的 N 倍。

注意：解耦交易的方法对于跨共识组的转账交易是十分有效的。但是跨共识组的智能合约仍是一个很大的问题，例如智能合约执行过程中内存需要落盘的问题。除此以外，还存在着多个共识组状态写入的顺序依赖性，最终系统整体状态一致性的维护问题。目前，Monoxide 并没有给出这些问题的可靠的解决方案。

Monoxide 让人眼前一亮的主要原因是其连弩挖矿（Chu-ko-nu Mining）的概念。连弩挖矿受联合挖矿概念的启发。连弩挖矿发展该概念创新性地应用于解决分片的算力稀释问题。由图 5.22 可知，多个共识组会引入算力分散的问题。若有 N 个共识组，则单个共识组的总算力为原来的 $1/N$。因此，攻击者只需要占据单个共识组半数以上的算力就能攻击成功。假设 $N=4$，全网总算力为 HashRate，那么单个共识组的总算力为 HashRate/4，攻击单个共识组的算力只需 HashRate/8，而不再是原本单链系统的 HashRate/2。

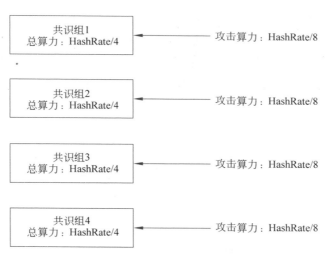

图 5.22 多个共识组导致算力分散问题

为解决多个共识组下的算力分散导致的安全性问题,Monoxide 允许矿工通过连弩挖矿的方式基于多个共识组同时进行工作量证明。在连弩挖矿这种模式下,矿工算力不会稀释到多个共识组上,使得攻击者集中算力去攻击单个共识组也不能获得优势。由图 5.23 可知,Monoxide 中矿工为了获得更多的挖矿奖励会基于多个共识组同时进行共识,即矿工不直接在某个共识组上做工作量证明,而是基于一个主区块头(见图 5.23 中的浅灰色框)。各个共识组的信息(如共识组当前区块的区块头)通过默克尔根传递到主区块头。矿工基于主区块头做工作量证明相当于基于多个共识组同时进行工作量证明。极端情况下,Monoxide 矿工为了得到全部的区块奖励,会基于所有的共识组进行共识,因而不存在算力分散的问题,即攻击者仍需要获得全网半数以上的算力才能进行攻击。

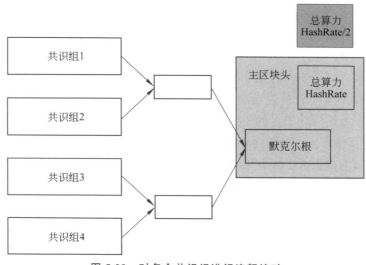

图 5.23 对多个共识组进行连弩挖矿

连弩挖矿会带来潜在的中心化问题。一方面，基于 N 个共识组进行连弩挖矿的矿工的期望收益为基于单个共识组挖矿的同算力矿工的 N 倍。另一方面，连弩挖矿需要矿工存储多个共识组的信息。保存全体共识组的全节点一般是由矿池等机构所运行。过去，个体算力加入矿池仅是为了更平稳的收益。在 Monoxide 下，个体加入矿池不仅获得了更平稳的收益，也得到了成倍数的收益。因此，Monoxide 中的矿工加入矿池的意愿会强烈很多，进而导致整个网络都是由矿池维护，其中心化程度将大幅度提升。

◈ 5.4 课 后 题

一、选择题

1. PBFT 需要（　　）个阶段。

    A. 2　　　　　　　B. 3　　　　　　　C. 4　　　　　　　D. 5

2. PBFT 的通信复杂度是（　　）。

    A. N^2　　　　　B. N　　　　　　C. N^3　　　　　D. N^N

3. CPA 理论不包括的以下特性是（　　）。

    A. 一致性　　　　B. 分区容忍性　　C. 扩展性　　　　D. 可用性

4. 以太坊中工作量证明的共识算法叫（　　）。

    A. POS　　　　　B. Ethash　　　　C. PBFT　　　　D. BFT

5. 常见的区块链分片方案不包括（　　）。

    A. 交易分片　　　B. 状态分片　　　C. 网络分片　　　D. 密码分片

6. 比特币矿工在挖矿时，以下方法能改变区块 Hash 值的是（　　）。

    A. 改变区块中交易顺序

    B. 将接受挖矿奖励的地址改成自己的另一个地址

    C. 改变 Nonce 值

    D. 以上都能

7. 拜占庭将军问题解决的是（　　）。

    A. 分布式通信　　B. 内容加密　　　C. 投票机制　　　D. 一致性问题

8. 分布式一致性应该满足的三个特性中不包括（　　）。

    A. 可扩展性　　　B. 可终止性　　　C. 约同性　　　　D. 合法性

9. 共识机制主要是为了保证账本的正确性和（　　）。

    A. 真实性　　　　B. 可靠性　　　　C. 确定性　　　　D. 一致性

10. 以太坊动态调整挖矿难度的原理是（　　）。

    A. 统计过去一段时间的出块速度，若太快则调难，若太慢则调简单

    B. 统计矿工们的挖矿设备性能，若矿工挖矿设备性能强，则将难度调难

    C. 每个区块的难度都可以在其父区块基础上调整难度

D. 根据过去一段时间的用户交易数量调整，若用户交易量大，则降低出块难度，增加出块数量，确保交易能被打包

二、填空题

1. Proof of Stake 共识算法的中文名称是_____证明。

2. 在分布式系统中，传输模型主要分为两种，其中一种是_____模型，指系统中各个节点的时钟误差存在上限；节点所发出的消息，在一个确定的时间内，肯定会到达目标节点（传输时间有上界，且上界已知）。

3. _____是目前比较有潜力的权益证明共识机制，并会在未来以太坊2.0中采用。该机制是一种拜占庭容错（BFT）风格的权益证明，其目前容错率也为1/3。相对于链式的权益证明，拜占庭容错风格的权益证明在复杂的网络环境中的输出和延迟会更加稳定。

4. 工作量证明共识机制的容错性为_____。

5. 与比特币的工作量证明相比，以太坊的工作量证明算法能抵抗_____。

三、简答题

1. 目前有哪些提出的共识算法可以缓解工作量证明算法的能源浪费问题？

2. 什么是拜占庭将军问题？经典解法有哪些？

3. 比特币与以太坊的工作量证明机制有何不同？

4. 共识机制的设计中有哪些理论上不可能的限制？

5. 以太坊 PoS 机制的核心思想是什么？

区块链智能合约开发

一般认为,区块链 1.0 与 2.0 的重要分界为是否支持图灵完备的智能合约,本章将重点介绍区块链智能合约的背景、基本原理、开发入门等内容。

◆ 6.1 智能合约及其背景

一般认为,智能合约指能够自动执行合约条款的计算机程序,其概念由尼克·萨博在 1996 年提出,具有事件驱动、价值转移、自动执行等特性。

以常见的自动售货机为例,可以将其看作一种智能合约,具有以下特点。

(1) 事件驱动。合约以投币等动作作为输入,触发其动作执行。

(2) 价值转移。外部将钱币作为输入,合约输出饮料、食品等商品,完成了价值的交换或转移。

(3) 自动执行。这一履约行为是完全自动的,不需要人在其中干预(投币动作除外)。

但是,智能合约的执行需要依赖一定的环境,如售货机这一"智能合约"依赖的就是机器,其执行的可靠性除了合约本身,还依赖于执行环境的可靠性,一旦执行环境出错,则合约的执行也将出错。仍然以售货机为例,如果自动售货机断电或者出现其他机器故障,那么投币后就无法获得商品。并且,可以人为地篡改自动售货机的程序,使其免费出售商品等。同时,一旦售货机程序被篡改,篡改的源头是往往无法追溯的,因为恶意篡改人已经掌握了整个机器的控制权。

因此,从计算机的角度,这是由智能合约执行所依赖的"中心化"环境导致的弊端:容易被篡改、出错后难以追溯恢复等。

由前文可知,区块链是一种能使多方间达成状态一致的有效手段,那么如果将智能合约应用到区块链上,就能使得智能合约具备更高的可靠性。

以以太坊为例,其在多个节点组成的点对点网络中,节点维护共同的区块链数据,通过区块链上的交易来进行智能合约的创建、调用、结束等操作。由于多个节点所维护的区块链状态是一致的,因此,多个节点上所运行的智能合约的过程和结果也是一致的。可见,相比于中心化的智能合约,基于区块链的智能合约具有去中心化、多方验证、难以篡改等优点,这些优点来自区块链,又恰好解决了智能合约的中心化痛点,使其具有广泛的应用前景。

需要说明的是,区块链智能合约是一个较为宽泛的概念。在比特币中,每一笔交易所附带的脚本,在某种程度上,也可以被认为是智能合约,但其不是图灵完备的。因此,常见的区块链智能合约,一般指以太坊、Fabric 等平台中运行的图灵完备的智能合约。

◆ 6.2　Solidity 语言

6.2.1　背景

由前文可知,以太坊区块链的智能合约运行在以太坊虚拟机中。与现实中的计算机相类似,开发人员难以直接编写可运行的机器码,因而需要一种高级语言作为开发语言,以提高开发效率。

Solidity 是一种用于实现智能合约的面向对象的高级语言。在设计时,Solidity 语法接近于 JavaScript,使得开发人员能快速上手。除了 Solidity 之外,也有其他的专用于智能合约语言,如 Serpent、Vyper、Mutan 等语言。而在部分智能合约平台,如 Hyperledger Fabric,开发者则可以通过 Golang 等语言编写智能合约。在众多智能合约语言中,由于 Solidity 语言是目前较为成熟、流行的智能合约语言,因而被本书作重点介绍。

与传统意义上的计算机编程语言不同,Solidity 在初期设计时的目标是为了编写以太坊上的智能合约,因此有部分语法与以太坊的工作原理是高度耦合的。因此,Solidity 中具有一些特殊类型(如 address、event 等)和一些特殊的关键字(如 payable、now 等),并需要结合以太坊智能合约的特性在编写过程中对变量进行具体存储位置的定义等。这些特性将在本书的后面章节中讲解。

由于篇幅限制,本书只能作为入门材料介绍 Solidity 的关键特性及部分内容,如果读者需要深入了解学习 Solidity 语言,可以参考以下资料(由于 Solidity 版本更新频繁,推荐使用英文文档):

Github:https://github.com/ethereum/solidity。

在线编译器:http://remix.ethereum.org/。

英文文档:https://docs.soliditylang.org/。

中文文档:https://solidity-cn.readthedocs.io。

6.2.2　入门示例

下面,本书将以一个简单的智能合约示例(Example1),向读者讲解 Solidity 的基本结构,读者可按以下步骤进行上机实操:

1. 打开在线编译器

Remix(http://remix.ethereum.org/)是以太坊官方支持的 Solidity 语言和 Vyper 语言的在线编译器,由于版本更新频繁,界面可能有所改变,截至本书编辑时的版本如图 6.1 所示。图中最左侧工具栏共有 4 个图标,分别对应了工作空间(Workspace)、文件搜索(Search in Files)、合约编译(Solidity Compiler)、部署与交易运行(Deploy & Run Transactions)。

图 6.1　Remix 在线编译器

2. Solidity 编程

点击左侧工具栏的第一个工作空间图标,在 contracts 文件夹下,创建新合约源文件,命名为 Example1.sol,并输入以下代码到新打开的编辑器。

```
1    // SPDX-License-Identifier: MIT
2
3    //pragma solidity >=0.7.0 <0.9.0;
4    //pragma solidity ^0.8.7;
5    pragma solidity 0.8.7;
6
7    contract Example1{
8
9        uint public num;
10
11       function change(uint n) public{
12           num = n;
13       }
14   }
```

Solidity 的注释规则和传统的 Java、C 语言类似,该合约中 1~4 行包含了 3 行注释。

第一行的注释较为特殊,给定了合约的 SPDX 许可标识,默认在合约的开头给出。常见的许可有 MIT(代表合约开源)、UNLICENSED(私有或者无授权)。

合约第 5 行规定了 Solidity 的语言版本,供编译器识别,通常在合约的开头给出,代表该合约只能运行在 0.8.7 版本的编译器。被注释的第 3 行和第 4 行同样符合 Solidity 语法规则。第 3 行代表该合约能运行在大于或等于 0.7.0 且小于 0.9.0 的所有编译器版本。第 4 行代表该合约能运行在大于或等于 0.8.7 的所有 0.8.X 版本编译器。很多教程默认使用第3行的写法,但是由于 Solidity 的语法规则变动较为频繁,早期版本的合约代码可能无法被较新的编译器编译。为了能让代码更高效地被复用,本书推荐使用第 5 行的写法。本章所有示例代码都采用 Solidity v0.8.7,为编写教材时较新的编译器版本。

在合约的具体定义中,首先定义了合约的名称为 Example1,类似于面向对象编程语言中的类。在主体的编码中,定义了合约的一个存储变量,即整型变量 num,且为 public 类型,代表该变量能被合约内部和外部访问。change 函数用于修改 num 变量的值。篇幅所限,此处仅对示例合约做简单讲解,具体的语法将在本章后续中介绍,由读者自行查阅文档。

3. 编译

输入完毕后,如图 6.2 所示,点击左侧状态栏中的第三个编译图标,进入合约编辑页面。在确认编译器版本和合约版本一致后,鼠标单击 Compile Example1. sol 图标,即可编译合约。在这一步骤,编辑器将对 Solidity 源代码进行形式化检查(编译通过后会在左侧编译图标上方出现绿色的对勾标识),并编译为可部署到以太坊区块链(或其他具有 EVM 环境的智能合约平台)的 EVM 字节码,以及生成对应的以太坊虚拟机字节码(Bytecode)与应用二进制接口(ABI),可单击界面左下角的 Compilation Details 图标进行查看。

4. 部署

编译完成后,鼠标单击界面左侧状态栏第四个图标,进入合约部署界面,如图 6.3 所示。进入部署界面后,默认环境为 Remix VM(名称可能会随着 Remix 版本变化而变化),代表所有测试都在 Remix 的模拟环境下进行。其余环境,如"Injected Provider-Metamask",可借助 Metamask(区块链钱包)将智能合约部署至以太坊测试网络,由于篇幅限制,本书不提供该部分的介绍,具体使用内容可自行上网查询。选择完运行环境后,单击"Deploy"图标,即可部署合约。合约部署成功后,可看到 Depolyed Contracts 出现。

5. 测试

部署完成后,点击 Deployed Contracts 中 EXAMPLE1 合约左侧的箭头符号(图 6.3 中 Step 4 框选部分),即可展开合约的函数,进行调用测试。

如图 6.4 所示,单击"num"图标即可查看当前合约的状态。当前 num 为 0,即初始状态。实际上,这是一个对合约状态的只读函数,在 Solidity 源文件中将这个变量设置为 public,编译器在编译的时候自动为这个变量生成了默认的同名只读函数。

```
     SOLIDITY COMPILER    ✓  ›         ⊖  ⊕  ⬤ Home    ⑂ Example1.sol ✗
                                       1   // SPDX-License-Identifier: MIT
🗗     COMPILER +                       2
       0.8.7+commit.e28d00a7    ⬍       3   //pragma solidity >=0.7.0 <0.9.0;
🔍                                      4   //pragma solidity ^0.8.7;
        ☐ include nightly builds       5   pragma solidity 0.8.7;
🗘                        Step 2        6
⊘      ☐ Auto compile                  7   contract Example1{
       ☐ Hide warnings                 8
                                       9      uint public num;
Step 1                                 10
       Advanced Configurations  ›      11      function change(uint n) public{
                           Step 3      12         num = n;
                                       13      }
       ⟳ Compile Example1.sol          14   }
                                       15
                                       16
       Compile and Run       ⓘ  ⧉
          script

       CONTRACT
       Example1 (Example1.sol)    ⬍

        Publish on Ipfs  IPFS

        Publish on Swarm
                              Step 4
        Compilation Details

              ⧉ ABI  ⧉ Bytecode
```

图 6.2 合约的编译

图 6.3 合约部署环境

图 6.4 合约函数测试(一)

如图 6.5 所示，对 change 函数进行调用，并输入函数的参数为 1024，单击 change 图标进行调用，交易执行成功后，再次单击 num 图标查看变量的值，可以看到 num 已经被更改为 1024。

如图 6.6 所示，Remix 的在线以太坊虚拟机环境将模拟对智能合约调用的交易信息，并显示在控制台中，图 6.6 显示的是在以太坊环境下该智能合约的 change 和 num 函数调用过程。读者可自行点击查看某一笔交易的交易详情，包括发起地址、合约地址、Gas 消耗值、合约函数及参数等。

图 6.5 合约函数测试（二）

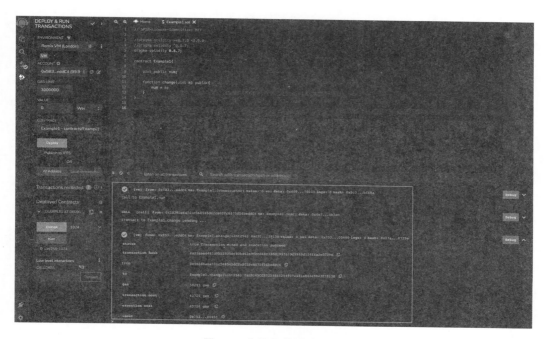

图 6.6 合约函数测试（三）

6.2.3 基础语法

本节将介绍 Solidity 中的基础语法。

1. 常用类型

Solidity 是静态类型语言，源代码中每个变量都需要被定义成能被编译器识别的特定类型。Solidity 提供了多种基本类型，本书将介绍其中常用的几种。

（1）布尔类型。

由 bool 声明，与传统编程语言类似，可取 true 或者 false。

（2）整型。

由 int 声明有符号的整型变量，由 uint 声明无符号的整型变量，可取整数。

声明变量时还可以加上数字表示变量的位数，如 int8 表示 8 位长度的有符号整型变量，位数可取 8、16……256。如果未声明变量位数，编译器在编译时将默认取最长位数，即将 int 编译为 int256。在前期的 Solidity 版本中，开发人员需要注意整型的位数，因为这可能导致一定的整数溢出漏洞。

（3）地址类型。

由 address 声明，指以太坊账户的地址类型，与以太坊账户长度相同，该类型实际存储为一个 20 字节的值。不同的是，地址类型的变量将自带多个成员变量，可通过多个成员变量函数进行账号余额获取以及跨账号的转账、调用等操作，如下。

balance：获取该地址余额，如<address>.balance（uint256）；

transfer：向该地址转账，失败则抛出异常，如<address>.transfer(uint256 amount)；

send：向该地址转账，失败则返回 false，如<address>.send(uint256 amount)；

call/callcode/delegatecall：向该地址发出相应的底层合约调用消息，如<address>.call(…)。

（4）定长字节数组。

由 byte＋数组长度声明，如 byte1、byte2……byte32。

（5）字符串（变长字节数组）。

由 bytes 或 string 声明。

（6）数组。

由"类型＋[]"声明。可通过 push 或 length 进行操作。

（7）映射。

由"mapping(键类型 ＝＞值类型)"声明。其中，键类型不可以是映射、变长数组、合约、枚举以及结构体。在映射对应的以太坊状态树底层存储中，实际上并不存储键的值，而是存储键的 keccak256 哈希值，从而便于减小存储体积的同时查询实际的值。因而，与数组不同的是，映射没有长度。

（8）结构体。

由 struct 声明，可将多个基本变量组合为一个结构。

在声明变量时，在类型名后，可以指定变量为 public 或 private，即变量是否可以被合约的外部调用获取查询，也可以指定变量的存储位置为 storage 或 memory，即变量保存在存储或是内存中，同样变量的不同存储位置涉及 Gas 计费的不同。一般情况下，各个变量有默认的存储位置，当编译器无法默认识别时，会提示开发者进行修改。

下面采用一个具体的例子进行介绍。参照 6.2.2 节中的操作步骤，打开 Remix 在线编译器，键入以下代码。

```
1  // SPDX-License-Identifier: MIT
2  pragma solidity 0.8.7;
3
4  contract Example2{
5
6      struct myStruct{
7          bool myBool;
8          uint myUint;
9          address myAddress;
10         string myString;
11     }
12
13     myStruct[] public myArray;
14     mapping(uint => string) public myMapping;
15
16     function test() public{
17         myStruct memory myElement = myStruct(true, 1, msg.sender, "Hello");
18         myArray.push(myElement);
19         myMapping[10086] = "world";
20     }
21 }
```

在以上智能合约中,声明了一种结构体(myStruct)、一个结构体数组(myArray)、一个整型到字符串的映射(myMapping),都是公开变量,方便测试查看取值。而在 test() 函数中,依次进行了数组元素的初始化(17 行)、数组元素的加入(18 行)、映射元素的添加操作(19 行)。

对该合约进行部署,然后依次测试 myArray 和 myMapping 函数,即可获取 test() 函数执行后数组和映射的取值,如图 6.7 所示。

2. 函数类型

在 Solidity 中,函数通过以下形式进行声明:

图 6.7　Solidity 常用类型示例

```
function (参数) {public|private|internal|external}
[pure|constant|view|payable] [returns (返回值)]
```

其中,[] 中的选项为可选的函数类型描述。

不同选项类型对函数的作用效果如表 6.1 所示。

表 6.1　Solidity 函数类型

类型	作　　用
public	对合约内外均可见,即可被外部的人或合约调用
private	对合约内可见
internal	仅对内部可见,注意,是对当前 Solidity 源文件内的合约可见
external	仅对外部可见,仅能通过合约.函数的形式调用
pure	不允许函数读取或写入状态
constant	不允许函数写入状态

类型	作　用
view	同 constant，不允许函数写入状态
payable	允许函数接收以太币。注意，在调用合约时，对不带有 payable 的函数进行带有以太币的转账将导致调用失败

以上对函数类型的设计，是为了在兼顾开发效率的同时提升智能合约开发的安全性，读者可自行编写合约函数进行测试。

除此之外，Solidity 还存在一些特殊的函数类型与特性，如回调函数、构造函数、函数修改器等。下面采用一个具体的例子进行介绍。参照 6.2.2 节中的操作步骤，打开 Remix 在线编译器，键入以下代码（以下代码同样用于讲解接下来的特殊变量和事件日志部分）。

```solidity
1   // SPDX-License-Identifier: MIT
2   pragma solidity 0.8.7;
3   contract Example3{
4       address public owner;
5       uint public receivedETH;
6       uint public fakeRandom;
7
8       modifier onlyOwner(){
9           require(msg.sender == owner);
10          _;
11      }
12
13      event ETHReceipt(address sender, uint amount);
14
15      constructor(){
16          owner = msg.sender;
17      }
18
19      fallback() external payable{
20          //L21并不会在收钱时执行，除非删除receive()函数
21          receivedETH += msg.value;
22      }
23
24      receive() external payable {
25          receivedETH += msg.value;
26          emit ETHReceipt(msg.sender, msg.value);
27      }
28
29      function setFakeRandom() public{
30          fakeRandom = uint256(keccak256(abi.encodePacked(
31              msg.sender,
32              block.difficulty,
33              block.timestamp))) % 100;
34      }
35
36      function sendETH(address payable addr) public onlyOwner{
37          addr.transfer(address(this).balance);
38      }
39
40      function kill(address payable addr) public onlyOwner{
41          selfdestruct(addr);
42      }
43  }
```

（1）构造函数（constructor）。

与其他的面向对象语言类似，Solidity 语言也存在构造函数。构造函数是一个由 constructor 关键字声明的可选函数，它只在合约部署时运行一次。由于区块链空间资源宝贵，因此构造函数的相关字节码并不会被保存在区块链上。如 Example3 合约的第 15～17 行，声明了合约的构造函数。该合约利用了构造函数只执行一次的特性，将部署合约的地址（msg.sender）赋值给 owner 变量。由于该合约并没有其他修改 owner 值的函数，因此

可以利用该变量控制合约函数的执行权限,使得 owner 变量相当于合约的管理员。

在早期的 Solidity 版本中,构造函数是一个与合约同名的函数。例如,图中的构造函数应该写成"Example3(){…}"。由于这种写法容易出现笔误,例如将 Example 错误地写成 example,这样任何人都可以修改 owner 变量,出现了较为严重的安全问题,因此这种写法已逐渐被抛弃。

(2) 回退函数(fallback)。

回退函数是 Solidity 中较为特殊的一种函数。一个智能合约最多只能有一个回退函数,并且使用"fallback() external [payable]"或者"fallback(bytes calldata input) external [payable] returns (bytes memory output)"进行声明。Example3 合约的第 19~22 行便声明了一个回调函数。回调函数会在函数发生错误调用时自动执行,例如,想要调用函数 Kill,然而这个智能合约只存在函数 kill,由于大小写拼写错误导致了函数的错误调用,此时 fallback 函数就会自动执行,用于处理异常情况。

回退函数也可以在合约收到以太币时自动执行,但有两个条件:(1)回退函数有 payable 修饰词;(2)合约不存在 receive() 函数。在 Example3 合约中,存在 receive() 函数,因此合约的第 21 行在收到以太币转账时并不会被执行。如果我们删除第 24~27 行的 receive() 函数,就可在收到以太币转账时执行第 21 行。

在早期的 Solidity 版本中,并不存在 receive() 函数,因此回退函数是唯一一个能在收到以太币时自动执行的函数。另外,早期版本的回退函数使用"function() external [payable]"进行声明,是合约中唯一一个没有函数名的函数。

(3) 接收函数(receive)。

一个智能合约最多只能有一个接受函数,并且使用"receive() external payable"进行声明。Example3 合约的第 24~27 行便声明了一个接收函数。该函数会在接收到以太币转账的时候自动执行。

(4) 函数修改器(modifier)。

函数修改器通常用于限制函数的行为。一个函数只有通过了函数修改器的检查才能被继续执行。在 Example3 合约的第 8~11 行,声明了一个名为 onlyOwner 的函数修改器,并以 modifier 开头。在第 9 行,函数限制了调用者(msg.sender)的地址必须等于 owner。由于 owner 变量在构造函数中已经保存了合约提交者的地址,因此被该合约修改器限制的函数只允许由合约提交者运行。在第 36 行和 40 行的函数声明中,加入了 onlyOwner 修改器,通过该方法,可限制函数的使用权限。

3. 特殊变量

在 Example3 合约中,我们使用了一些较为特殊的变量与函数,它们能方便地帮助我们获取区块链的信息、与以太坊进行交互。

具体来说,在合约第 26 行,出现了 msg.value 和 msg.sender。msg 变量通常用于帮助我们获取交易调用方的信息,比方 msg.value 可用于获取合约消息所带的以太币,单位为 wei；msg.sender 为交易发送方的地址。

在第 30～33 行，合约利用 keccak256()、abi.encodePacked()、block 相关函数来生成一个伪随机数。由于区块链的挖矿机制，所有节点执行合约的结果都需要相同，因此在智能合约上生成随机数并不是这么容易。比较简单的做法是利用 block 相关函数，获取区块信息来生成伪随机数，例如在第 32 行和 33 行，合约利用 block.difficulty 获得合约交易所处区块的挖矿难度以及 block.timestamp 来获取合约交易所处区块的时间戳。这两个值都是随机生成的，因此可利用它们生成随机数。abi.encodePacked() 将以上两个 block 信息，与交易提交者的地址（msg.sender）进行打包，再利用 keccak256() 将打包的结果做一次哈希运算。最后得到的值对 100 取模，就可以得到一个 0～99 的随机数。但该函数利用区块信息生成随机数并不安全，原因是矿工能够一定程度影响交易发送的时间（大概900 秒），因此矿工能一定程度上控制随机数。

合约 37 行出现的 this，代表当前合约，可以明确转换为地址类型。通过 address (this).balance，可以获得当前合约所有的余额。address.transfer(amount) 函数用于将指定数量的以太币（单位为 wei）发送到指定地址。除 transfer 函数外，send 函数和 call 函数也可用于发送以太币。区别是 transfer 函数在发送失败时，会回滚整个交易，而 send 和 call 只会返回一个 bool 值。使用 transfer 和 send 发送以太币时，接收方如果是个合约地址，该合约会限制 gas 上限为 2300 单位。2300 单位的 gas 并不足以支持内存读写等基本操作，因此可以简单理解为 transfer 和 send 函数无法发送以太币到合约地址。call 函数虽然可以发送以太币到合约地址，但该函数容易出现重入等安全问题，使用时要格外注意。

合约 41 行出现的 selfdestruct(address) 函数，能够删除合约代码，并把余额返回到特定地址。当合约调用 selfdestruct 函数后，保存在区块链上的字节码会被"0x"代替。虽然代码已经消失，但是该地址同样可以接受以太币，所有发送到该地址的以太币将永久丢失。

下面总结了一些 Solidity 中常用的特殊变量和函数。

block.blockhash（区块号参数）：近 256 个区块哈希；

block.coinbase：合约交易所处区块的矿工地址；

block.difficulty：合约交易所处区块的挖矿难度；

block.gaslimit：合约交易所处区块的 gasLimit；

block.number：合约交易所处区块的高度；

block.timestamp：合约交易所处区块的时间戳；

gasleft()：合约交易剩余可用 gas，即 gasLimit——当前 gasUsed；

msg.data：合约消息的 calldata（一笔交易中可发生多次调用，即多条消息，下同）；

msg.gas：合约消息剩余可用 gas；

msg.sender：合约消息发送者；

msg.value：合约消息所带的以太币，单位为 Wei；

now：同 block.timestamp；

tx.gasprice：合约交易的 gasPrice；

tx.origin：合约交易的 from；

this：当前合约，可以明确转换为地址类型；

selfdestruct（地址）：删除合约代码，并把余额返回到特定地址。

　　读者可在 Remix 编译器中自行尝试各个变量的返回值。除了以上常用的特殊变量，其他如时间单位、ABI 编码、密码学函数等特殊变量与函数，请读者在需要时自行查阅文档学习。

4. 事件日志

　　以太坊中，合约的状态数据都是存储于状态树中，运行结果也是写入到状态中。如果只依赖状态树进行状态的记录，那么，当上层应用需要获取合约运行过程的某些状态（如购买了某种商品的 ID）时，就必须比对前后的状态改变或开辟状态的增量数组进行记录，成本较高。因此，为了使得上层应用能用一种简洁且消耗较低的方式进行合约的运行、状态的观察，以太坊采用了事件日志进行记录，有别于状态树，事件树是单向输出、不可被合约读取的，但是对上层应用提供了高效的查询方式，使得上层应用能够观察特定合约的特定动作的发生及其内容。下面还是使用 Example3 合约来讲解事件的用法。

　　在这一合约代码中，在第 13 行定义了一个事件为 ETHReceipt，这一事件存在两个参数，分别是地址类型的 sender 和整型变量 amount。在第 26 行的 receive() 函数中，采用 emit 操作输出了这一事件，用于通知收到的以太币发送方地址以及发送的金额。值得注意的是，事件不是写入到状态树中，而是写入以太坊虚拟机的收据中。在具体的执行过后，以太坊节点将收集运行过程中的收据，生成收据树，计算出收据树的树根记录到区块中。

　　为了测试该事件，需要向 Example3 合约转账，如图 6.8 所示。首先单击最左侧第四个图标进入 Remix 部署界面，并确认发送账户（一般使用默认选项即可）。接下来，在 value 中随机输入一个数值，这里选择发送了 1000Wei。最后，单击图片最下方的 Transact 按钮，就可以将 1000Wei 的以太币发送给 Example3 合约。随后，在控制台可以接收到一个事件，事件中包括了 sender 和 amount 这两个参数的具体值，它们和该事件一并记录在交易收据中。实际上，在底层实现中，ETHReceipt 事件及其参数类型被哈希编码为 topic，与函数签名类似，同样的事件名具有同样的 topic 值。而在每个区块中，所有交易收据都将经过计算生成布隆过滤器，记录为区块中 logsBloom 的值。布隆过滤器不可以判断出某个值一定存在某个集合中，但是，可以判断出某个值一定不在某个集合中，这有利于降低上层应用的查询成本。如此一来，观察合约的上层应用，只需要向以太坊节点请求区块的 logsBloom 值，通过 logsBloom 的值，就可以判断某个区块中某个合约的事件是否一定没有发生，若确定没有发生，则可以等待下一个区块；若不确定，则代表可能发生也可能不发生，这时上层应用再向节点请求详细的事件收据的存在与内容即可。

　　总之，事件日志和状态树都是智能合约可以输出的存储空间，区别在于，事件日志为单向输出、不可读取，因而其操作的 Gas 定价也更为便宜。相同的是，状态与收据本身并没有完整记录在区块中，它们由区块链的交易进行改变，而把树根的值、布隆过滤器的值

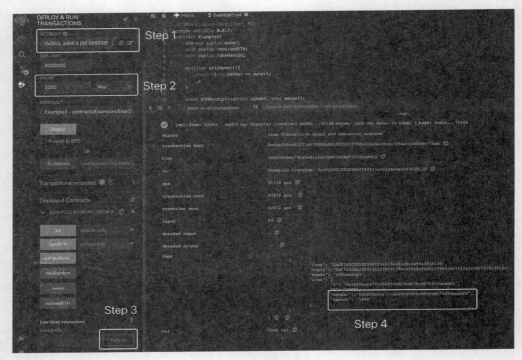

图 6.8　Solidity 合约事件示例

记录到区块中。

5. 错误处理

与传统计算机程序类似,以太坊智能合约的运行过程中,也可能出现由开发者定义的异常或错误,例如,发起交易的地址不具有调用该函数的权限等。因此,需要对合约运行中的交易进行处理。

下面直接结合例子进行说明,请读者依照 6.2.2 节的步骤打开 Remix 在线编译器,键入以下合约代码。

在以上合约中,在第 7、12、18 行分别用 require、revert、assert 三种方式,来判断该合约是否存在除 0 错误。这三种判断方式的具体区别如下。

(1) require(条件参数,[消息参数])。

如果条件参数为 false,则撤销状态更改,并且,如果还传入了消息参数,则提供一个错误消息。上述代码中第 8 行,如果 b 为 0,则会抛出一个"Cannot Dividing by Zero"的错误消息。

(2) revert([消息参数])。

终止运行并撤销状态更改,如果还传入了消息参数,则提供一个错误消息。同时 Solidity 还提供了一个错误汇报器(第 5 行),方便传递错误信息。

```
1   // SPDX-License-Identifier: MIT
2   pragma solidity 0.8.7;
3
4   contract Example4{
5       error DivByZero(string str);
6
7       function getTimes1(uint a, uint b) public pure returns(uint){
8           require(b > 0, "Cannot Dividing by Zero");
9           return a/b;
10      }
11
12      function getTimes2(uint a, uint b) public pure returns(uint){
13          if(b == 0)
14              revert DivByZero("Cannot Dividing by Zero");
15          return a/b;
16      }
17
18      function getTimes3(uint a, uint b) public pure returns(uint){
19          assert(b == 0);
20          return a/b;
21      }
22
23      function tryCatchExample(uint a, uint b) external view returns (uint value, bool success){
24          try this.getTimes1(a,b) returns (uint v) {
25              return (v, true);
26          } catch{
27              return (0, false);
28          }
29      }
30  }
```

（3）assert（条件参数）。

如果条件参数为 false，则使当前交易没有效果，并消耗交易剩余的 gas。

一般情况下第 8 行的 require 和第 13～14 行的 revert 等价，用于判断合约是否满足一定的条件，assert 用于判断某种错误是否发生，如除 0 错误等。由于合约的原子性，一旦异常发生，交易将被回归，即返回交易提交前的交易执行状态，且不修改合约的任何状态。但是在某些情况下，需要即使错误发生，也不回滚交易，这时就可用到第 23～29 行提供的 try…catch 方法。该方法在 24 行调用了合约的 getTimes1()函数，如果函数发生异常，则执行第 27 行 catch 部分的代码，否则正常返回 getTimes1 函数的值，在 25 行借由变量 v 返回。

6.2.4　Solidity 在线代码评测系统

为了方便读者练习，本书配套了一个 Solidity 在线代码评测系统（Online Judge，OJ）。网址为：https://SolidityOJ.com/。图 6.9 为 OJ 的界面图，读者们可点击网页上方的 Problem 按钮，选择相应习题练习。OJ 会在线评测代码正确性并返回结果。注：该 OJ 默认编译器版本为 Solidity v0.8＋，题库列表将定期更新。

下面，本小节用 OJ 上的几个例题，展示如何正确使用 Solidityoj 在线评测系统，检测使用。

例 1.【A＋B】

编写一个名字为 Contract 的智能合约，使得，调用函数 main(a,b)时，返回 a+b。

图 6.9　OJ 界面

【代码实现】

```
pragma solidity ^0.8.0;        //Solidity OJ 默认使用 0.8.0 以上编译器
contract Contract{             //必须使用题目中规定的合约名和函数名
    function main(int a, int b) pure public returns(int){
        return a+b;
    }
}
```

例 2.【存证合约】

编写一个名字为 Contract 的智能合约,使得,调用函数 set(a)时,将整数存入合约,之后,调用函数 get()时,获取合约中上一次存证的 a 值。

【代码实现】

```
pragma solidity ^0.8.0;
contract Contract{
    int a;
    function set(int v) public{
        a =v;
    }
    function get() view public returns (int){
```

```
        return a;
    }
}
```

例 3.【A 乘 B 事件】

编写一个名字为 Contract 的智能合约,使得,调用函数 main(a,b)时,输出事件 result(a * b)

【代码实现】

```
pragma solidity ^0.8.0;
contract Contract{
    event result(int v);
    function main(int a, int b) public{
        emit result(a * b);
    }
}
```

例 4.【数组操作】

编写一个名字为 Contract 的智能合约,使得,调用函数 push()时,往合约中的数组存入一个整数,调用函数 last()时,返回最后一个存入的整数。

【代码实现】

```
pragma solidity ^0.8.0;
contract Contract{
    int[] public value;
    function push(int a) public {
        value.push(a);
    }
    function last() public view returns(int){
        return value[value.length-1];
    }
}
```

例 5.【回退函数】

编写一个名字为 Contract 的智能合约,使得,调用任意函数时,均返回"Hello, World!"的 abi 编码。

【代码实现】

```
pragma solidity ^0.8.0;
contract Contract{
    fallback(bytes calldata) external returns(bytes memory){
```

```
        return abi.encode("Hello,World!");
    }
}
```

例 6.【投票合约】

编写一个名字为 Contract 的智能合约，使得，通过 vote（候选人编号）函数对候选人进行 1 次投票，候选人编号可能是 0 到 2 的 256 次方减 1。调用 result()返回票数最高的候选人。

【代码实现】

```
pragma solidity ^0.8.0;
contract Contract{
    mapping (uint =>uint) voter;
    uint[] ids;
    function vote(uint id) public{
        if(voter[id] ==0)
            ids.push(id);
        voter[id] +=1;
    }
    function result() public view returns(uint){
        uint max;
        uint res;
        for(uint i =0; i <ids.length; i++){
            if(voter[ids[i]] >max){
                max =voter[ids[i]];
                res =ids[i];
            }
        }
        return res;
    }
}
```

◆ 6.3　DApp 开发示例

得益于区块链智能合约去中心化、难以篡改的特点，基于区块链智能合约的去中心化应用（Decentralized Application，DApp）具有广阔的应用前景。关于 DApp 的定义、架构有很多，在本书中，介绍一种较为典型的、基于区块链智能合约的 DApp 开发方式。由于各种开发工具更新过于频繁，为了保证读者的实验能与书中一致，请读者在实验机器上下载实验资源包 http://inpluslab.com/file4book.zip，其中包含了 Go-ethereum 客户端（geth.exe）、创世区块（genesis.json）、Web3.js 库（web3.min.js）等文件，Linux 与 mac-OS

等系统的读者请自行下载 1.9.9 版本的 Go-ethereum 二进制文件。

6.3.1　私有链搭建

首先需要搭建区块链环境,在本小节中,将搭建单节点的以太坊私有链网络,为后续开发奠定基础。

将实验资源包解压,将 geth.exe 与 genesis.json 置于同一目录下,并采用命令行工具进入该目录,输入以下命令。

```
geth -datadir mydata init genesis.json
```

这一命令中,geth 指定了区块链的数据位置为目录下的 mydata 文件夹,并通过 genesis.json 文件进行创世区块的初始化。

下面输入以下命令运行以太坊节点。

```
geth -datadir mydata -networkid 666 -rpc -rpccorsdomain "*" --allow-insecure-unlock console
```

同上一条命令,datadir 配置项指定了数据的存储目录是 mydata 文件夹,networkid 配置项指定了区块链网络 id 为 666,这是为了避免与互联网中其他节点互相干扰,读者也可以设置为其他数值。而 rpc 配置项为打开以太坊节点的 RPC 接口,并通过 rpccorsdomain 设置允许浏览器在任意地址进行跨域调用,并允许通过 HTTP 解锁账户,其默认端口为 8545。最后的 console 为打开控制台,即运行节点之后监听用户输入,方便实验。

实际上,控制台是一个连接了节点的 JavaScript 控制台,并自带 web3.js 库,可以通过该库对以太坊节点的信息进行查询,如下所示。

```
web3.eth.blockNumber
web3.eth.getBlock('latest')
```

以上两条命令获取了当前的最新区块高度及最新区块内容。本节中仅介绍实验相关的操作,完整的 Go-Ethereum 与 Web3.js 接口规范,请读者自行查阅官方文档。

当前节点中,无任何钱包地址,需要新建账号,输入以下命令。

```
personal.newAccount("");
```

其中,括号内的参数为密码,暂且置为空字符串,方便后续实验。新建账号后,私钥生成并保存于数据目录下,控制台输出新建账号的公钥地址,可以输入以下命令进行二次确认。

```
web3.eth.accounts
web3.eth.getBalance(web3.eth.accounts[0])
```

以上命令获取了节点中保存的账号地址及其余额,从控制台输出可以看到,新建的账号中，以太币余额为零。

为了进行合约的部署，需要为账户增加余额，此处通过手动开启挖矿实现，输入以下命令。

```
miner.start(); admin.sleepBlocks(1); miner.stop();
```

在同一行中输入以上命令并执行后，geth 客户端执行的过程为：开启挖矿，等待 1 个区块的产生，结束挖矿，挖矿所用的 Coinbase 地址默认为本地账号中的第一个，即上文中新建的账号。首次挖矿时，geth 客户端将生成挖矿所需的 DAG，时间视机器配置而定。极少数情况下可能出现挖不到块的情况，如遇这种情况，请删除数据目录（即 mydata），重新从 init 命令开始。在多核 CPU 下，由于挖矿难度较低，也可能出现不止挖到一个块的情况。

挖矿完成后，输入以下命令再次检查区块号及账号余额。

```
web3.eth.blockNumber
web3.eth.getBalance(web3.eth.accounts[0])
```

此时控制台输出显示，区块高度与账号的以太币余额（单位为 Wei）增加了，即挖矿成功。

注意，geth 客户端虽然自带了开发者模式（即--dev 配置），但是这不利于读者对交易确认、挖矿等过程的理解，建议仍然采用搭建需要手动挖矿的以太坊私有链。

对于多个以太坊节点的互联互通，请读者自行重复以上步骤新建新的数据目录、打开新的节点客户端，并在新节点中采用 admin.nodeInfo.enode 命令获取节点 enode 身份地址，即可在原节点通过 admin.addPeer(enode) 命令使其与新节点互联，并结合文档观察各个节点状态。

6.3.2　智能合约部署与测试

在 6.3.1 节中，运行了 Golang 版本的以太坊客户端，并搭建了私有链测试环境。而在第 5 章中，介绍了如何在浏览器环境中编写并测试以太坊智能合约。在本小节中，将把智能合约部署到所创建的以太坊私有链上。

首先，打开 Remix 在线编译器，新建合约名为 Share.sol，键入以下代码。

在以上合约中，结构体数组 allShare 记录用户地址和分享的信息，事件 Added 输出分享的信息的下标，函数 NewShare 向数组中记录信息并产生事件，函数 getLength 返回数组的长度。

输入完毕后检查并编译合约。

接着，如图 6.11 所示，在 Remix 编译器的"Deploy & run transactions"功能中，点击"Environment"下拉框，设置为"External Http Provider"，在弹出的对话框中，单击 OK 即可。默认的 8545 端口即为上一小节中开放的 RPC 端口，故此处无需更改。

```
1   // SPDX-License-Identifier: MIT
2   pragma solidity 0.8.7;
3
4   contract Share{
5       struct oneShare{
6           address sender;
7           string test;
8       }
9       oneShare[] public allShare;
10      event Added(uint);
11
12      function NewShare(string memory something) public{
13          allShare.push(oneShare(msg.sender, something));
14          emit Added(allShare.length - 1);
15      }
16
17      function getLength() public view returns (uint){
18          return allShare.length;
19      }
20  }
```

图 6.10　合约部署代码

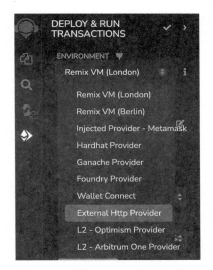

图 6.11　连接 Remix 到区块链节点

连接到节点后,需要解锁本地节点的账号,使其能被 RPC 调用,在节点控制台输入命令。

```
personal.unlockAccount(eth.accounts[0],"",3600);
```

以上命令以空字符串解锁账号 3600 秒。

接着,在 Remix 编译器中,单击 Deploy,发送部署交易。

可以看到,在 Remix 控制台、节点控制台均有相关输出,表示交易已发送,但仍为未打包状态。此时,在节点控制台中,输入以下命令查看待打包的交易。

要使得交易被打包,需在节点控制台,再运行以下区块打包命令。

```
eth.pendingTransactions
```

```
miner.start(); admin.sleepBlocks(1); miner.stop();
```

挖矿完成后，则合约被部署到区块链上，请读者自行查看 Remix 和节点控制台的输出。

下面进行合约函数的测试，在 Remix 中展开合约函数，调用 NewShare（"Hello，World!"），发送调用合约的交易。

交易发送后，区块打包前，请读者在 Remix 编译器中调用 getLength 函数，并在节点控制台中查看待打包的交易，可以看到，在调用合约的交易打包到区块前，合约的状态并未改变。

再次运行以下命令进行区块打包。

```
miner.start(); admin.sleepBlocks(1); miner.stop();
```

区块打包后，在 Remix 中可查看合约的状态已改变，且 Remix 与节点控制台均输出了相关交易信息，即合约函数调用成功。

6.3.3 使用 Web3.js 调用智能合约

在 DApp 的构建中，将智能合约部署到区块链上后，还需要构建与用户交互的图形化界面，目前比较流行的方式是通过网页进行交互。在本小节中，将介绍如何使用网页前端 JavaScript 通过以太坊节点的 RPC 端口调用智能合约。

实验资源包中含有调用该合约的示例网页文件 example.html，将其与 web3.min.js 一并置于同一目录，它实现了一个简单的"网页＋区块链"的信息共享应用。下面解释示例文件 example.html 中的关键部分。

首先引入 Web3.js 库。

```
<script type="text/javascript" src="web3.min.js"></script>
```

Web3.js 是以太坊官方支持开发的 JavaScript 接口库，可用于浏览器与以太坊节点的通信。

网页加载完毕时，根据 RPC 接口地址新建 Web3 Provider。

```
window.web3 = new Web3(new Web3.providers.HttpProvider("http://localhost:8545"));
```

接着，根据合约 ABI 及地址（Remix 编译自动生成）新建出合约对象为 Share。

注意，读者需要将其中的 ContractAddress 取值为合约地址，合约地址可以从 Remix 控制台的交易信息中得到，或者在节点控制台中查询交易收据得到。控制台中合约地址

```
var ContractAddress = "0x5eEc2B5B5F8224D2a36A31ADeAFE1E135f9BB1F1";
Share = new web3.eth.Contract([{"anonymous": false,"inputs": [{"indexed":
false,"internalType": "uint256","name": "","type": "uint256"}],"name": "Added","type":
"event"},{"inputs": [{"internalType": "string","name": "something","type": "string"}],"name":
"NewShare","outputs": [],"stateMutability": "nonpayable","type": "function"},{"inputs":
[{"internalType": "uint256","name": "","type": "uint256"}],"name": "allShare","outputs":
[{"internalType": "address","name": "sender","type": "address"},{"internalType":
"string","name": "text","type": "string"}],"stateMutability": "view","type":
"function"},{"inputs": [],"name": "getLength","outputs": [{"internalType": "uint256","name":
"","type": "uint256"}],"stateMutability": "view","type": "function"}],ContractAddress);
```

如图 6.12 所示。

图 6.12　控制台交易信息中的合约地址

　　获得合约对象后,通过调用 Share 中的 getLength 函数,Web3.js 将自动将其编码为 RPC 请求,并将请求结果返回到回调函数中,即当前 allShare 的数组长度,在回调函数中,根据获得的数组长度,再次发起 RPC 请求,对每个元素进行查询,并将最终结果显示到网页中。

```
Share.methods.getLength().call(function(error,data){
    var length = data;
    for (var id=0;i<length;++id) {
        Share.methods.allShare(id).call(function(error,data){
            document.getElementById("container").innerHTML += "<p>"+data.text+"</p>";
        });
    }
});
```

　　单击网页中的按钮时将触发 send 函数,该函数将通过 Web3.js 获取当前节点账号列表,并获取网页中输入框的值,调用 Share 的 NewShare 函数,Web3.js 将与节点通信使其发送交易,并将交易的错误或哈希返回到浏览器控制台输出。

　　浏览器前端通知节点发送交易后,在节点控制台中再次开启挖矿。

　　待打包完成后,刷新网页,即可在 Remix 控制台中读取最新的合约改变后的状态。

　　此处有一个保留的开发问题,即使用网页的用户,如何知道合约的状态改变了?这要使用到合约中的事件 event,读者可以通过开启 geth 的 WebSocket 端口并相应地在网页中监听该端口订阅合约事件,即可在合约更新时收到相应的事件通知,且不必时时刻刻进行链上智能合约的查询,节省成本,该功能留给读者自行查阅文档实现。

```
function send(){
    web3.eth.getAccounts(function (err, accounts){
        var text = document.getElementById("text").value;
        Share.methods.NewShare(text).send({from:accounts[0]}, function(error,data){
            console.log(error,data);
        });
    });
}
```

```
miner.start(); admin.sleepBlocks(1); miner.stop();
```

由此,便完成了一个简单的 DApp,通过网页前端与区块链节点通信。实际上,当前许多流行的 DApp 使用方式,大都是通过"轻钱包＋第三方节点"的方式,这样一来,用户不需要运行自己的以太坊节点,只需要保管好自己的钱包私钥,即可使用轻钱包中的浏览器(或浏览器轻钱包插件,如 MetaMask)使用 DApp。这样的做法大大降低了区块链应用的使用门槛,但是由于用户本身并不运行区块链节点,也带来了一定的中心化问题。

◇ 6.4 课 后 题

一、选择题

1. Solidity 中获取完整调用链交易发起者的变量是( )。

　　A. msg.data　　　　B. msg.sender　　　C. tx.gasprice　　　D. tx.origin

2. Solidity 的 pure 类型表示的是( )。

　　A. 允许函数读取或写入状态　　　　　B. 允许函数读取状态

　　C. 不允许函数读取或者写入状态　　　D. 允许函数写入状态

3. Solidity 的日志关键词是( )。

　　A. internal　　　　B. pure　　　　　　C. public　　　　　D. emit

4. Solidity 中被标记为 external 的函数( )。

　　A. 可以被合约外任何函数直接调用

　　B. 只能被合约外特定函数直接调用

　　C. 可以被合约内任意函数直接调用

　　D. 只能被合约内特定函数直接调用

5. 以太坊＊.sol 文件里,( )定义多个合约。

　　A. 可以　　　　　　B. 不可以　　　　　C. 看用户决定　　　D. 看矿工决定

6. 编译部署到以太坊的智能合约是智能合约的( )。

　　A. 源代码　　　　　B. ast 代码　　　　 C. 字节码　　　　　D. 注释码

7. 消息调用的操作码不包括（　　　）。

    A. call   B. callcode   C. delegatecall   D. dynamiccall

8. Solidity 中获取当前调用消息发送者的变量是（　　　）。

    A. msg.data   B. msg.sender   C. tx.gasprice   D. tx.origin

9. Solidity 中获取当前区块 Gas 限制的变量是（　　　）。

    A. block.blockhash   B. block.gaslimit

    C. block.difficulty   D. block.number

10. Solidity 中，对合约内外可见，或者可以被外部调用的函数类型是（　　　）。

    A. public   B. private   C. internal   D. external

二、实验题

以下实验题均在 SolidityOJ.com 上有对应的自动化测试样例，用户也可根据教学活动需要创建所需的题目。

1. 字符串拼接

编写一个名字为 Contract 的智能合约，使得，调用函数 main()，并传入两个字符串 a 和 b，之后，输出两个字符串的拼接 a＋b。

表 6.2　字符串拼接内容

示 例 输 入	示 例 输 出
main(string，string) "Hello" "，World!"	"Hello，World!"

2. 字符串比较

编写一个名字为 Contract 的智能合约，使得，调用函数 main()，并传入两个字符串 a 和 b，之后，a 和 b 相同则输出 1，否则输出 0。

表 6.3　字符串比较内容

示 例 输 入	示 例 输 出
main(string，string) "abc" "abc"	1
main(string，string) "ab" "def"	0

3. 栈

编写一个名字为 Contract 的智能合约来实现栈操作，使得，调用函数 push()，往栈里存入一个整数；调用函数 pop()，删除栈顶元素；调用函数 top()，查询栈顶元素，并返回一个值，如果栈为空则返回－1。

表 6.4　栈操作内容

示 例 输 入	示 例 输 出
top()	−1
push(int256) 1	
push(int256) 2	
push(int256) 3	
top()	3
pop()	
top()	2

4. 队列

编写一个名字为 Contract 的智能合约来实现队列操作,使得,调用函数 push(),往队列里存入一个整数;调用函数 pop(),删除队首元素;调用函数 front(),查询队首元素,并返回一个值,如果栈为空则返回−1;调用函数 back(),查询队尾元素,并返回一个值,如果栈为空则返回−1。

表 6.5　队列操作内容

示 例 输 入	示 例 输 出
front()	−1
back()	−1
push(int256) 1	
push(int256) 2	
front()	1
back()	2
pop()	
pop()	
back()	−1
front()	−1

## 第7章

区块链应用

前面的章节介绍了区块链技术的基本原理,包括比特币、以太坊的核心知识、网络层原理、共识机制和智能合约的编写与应用。在此基础上,本章将介绍区块链的应用。由于现阶段公有链仍存在难以监管等一系列问题,本章将着重介绍基于联盟链的较为成熟的几个应用领域,包括供应链金融、资产交易、司法存证、物流溯源、票据流通等,并介绍这些领域应用的架构实现和应用案例。

◆ 7.1 联盟链平台

7.1.1 背景

区块链作为一项底层技术,解决了一种"多方协同记账"的问题。从人类社会发展的角度,某种程度上,区块链解决的是"信任问题"。

根据记载,文字和货币同时出现在公元前 3000 年的中东地区,人类在协作中出现了生意往来,并产生了记录生意的需要,货币和文字应运而生。文字是信息传输的载体,而货币则是价值传输的工具。文字在几千年来经历了从语言、文字、印刷术到电报和互联网的升级,货币也完成了由大麦、贵金属、纸币到移动支付的转换。信息传输通过互联网可以非常高效地实现,而作为价值传输手段,移动支付的底层设施仍然是信息网络。其特点是依赖一个高度可信的第三方信息中介(如银行数据中心)完成传输。在互联网时代,价值传输依赖信息网络进行,这存在一定的不足,如高度依赖可信任的中心、易被篡改、费用较高等。区块链的出现,为解决以上问题提供了方案。

公有链中的区块链应用为数众多,多集中在代币发行、去中心化博彩、去中心化金融等领域。在区块链的发展中,人们逐渐发现,依赖无准入机制的公有链进行协作,仍然存在性能不足、泄露商业秘密、难以监管等问题。公有链的去中心化和匿名性与可监管性具有天然的冲突,目前,尚难以很好地解决这一问题。此外,目前公有链应用大多数仍处于开发测试中,离大规模的应用仍有一段距离。

为了解决这些问题,诞生了以 Hyperledger Fabric 为代表的联盟链平台,节点的加入和退出具有一定的准入机制,这样也保护了联盟中各方的商业秘密、提高了交易效率。联盟链因其监管的可操作性,在各地、各行业均有众多试点。比如,雄安新区通过雄安集团与银行等机构之间的联盟链,解决了基建项目分包商的融资难题。在供应链金融中,核心强势企业对供应商、经销商往往存在一定的赊欠,传统金融模式下,上下游的小微企业往往很难靠这些应收账款到银行融资。而在企业与银行间搭建联盟链,就能通过信息流、物流、资金流的上链,增加银行对上下游企业的信任,降低其融资成本,实现区块链技术服务实体经济。

7.1.2　Hyperledger Fabric

2015 年,由 Linux 基金会牵头、多家企业合作,共同成立了 Hyperledger 项目,旨在共同推进分布式账本和智能合约技术的发展。其中,Hyperledger Fabric 是 Hyperledger 的项目之一,最早由 IBM 等企业创建。它是一个面向企业的高度可扩展的区块链平台,具有模块化架构、权限管理、多通道设计等特点,满足了企业级应用要求的安全性、保密性、可扩展和高性能。目前,Hyperledger Fabric 已被广泛应用于供应链、金融、医疗保健等行业。

从系统设计和功能的角度来看,相比于基于公有链的分布式账本,Hyperledger Fabric 具有权限管理、隐私保护、高度模块化、高效处理、链码功能等新特性。

1. 权限管理

在 Hyperledger Fabric 交易网络中,所有参与者的身份信息都是经过验证的,不同参与者具有不同的权限,即在不同的场景中,有不同的被允许的指定类型的操作。为了实现用户的权限管理,Hyperledger Fabric 设置了成员服务提供商(Membership Services Providers,MSP)对用户的身份进行管理和验证,并通过定制化策略(Policy)为不同用户在指定场景下授予不同的权限。

2. 隐私保护

在实际应用中,很多企业都有隐私保护的需求,让一些交易数据保持私有,仅与合作方共享。考虑到商业应用中有私密交易的需求,Hyperledger Fabric 网络引入了通道(Channel)技术,实现数据的隔离和保密。通道是为进行秘密交易而建立的私有"子网",每个通道对应着一条用于记录通道内交易的区块链。每个用户允许加入多个通道,只有加入通道内的用户才允许访问该通道的交易数据。这种支持私密交易的多通道设计使得商业竞争方与合作方能在同一个网络上共存,提供了灵活开放、安全的区块链平台。

3. 高度模块化

Hyperledger Fabric 使用了模块化设计,提供可插拔的交易排序服务、背书和验证策略、身份管理协议和密钥管理协议等,使得在一个通用的区块链平台下可以实现按需定制,从而满足不同行业、不同业务的多样性需求。

4. 高效处理

Hyperledger Fabric 将交易过程中的交易执行、交易排序和交易广播分离,并设置优先级。按照节点在交易过程的不同环节中承担的功能,Hyperledger Fabric 将节点划分为多种网络角色,不同阶段由不同角色的节点参与,而不需要全网的节点参与。这样的设计,使得 Hyperledger Fabric 可以支持并发交易的处理,实现交易的高吞吐和关键任务的可靠执行。

5. 链码功能

类似于以太坊上的智能合约,Hyperledger Fabric 提供了链码(Chaincode)功能,分为用户链码和系统链码。用户链码由应用开发者编写,实现应用的逻辑处理。与传统智能合约相比,用户链码支持主流高级编程语言编写,包括 Go、JavaScript、Java 等,大多数应用开发者可以快速适应链码编写。此外,用户链码运行在隔离的链码容器中,在链码升级时不需要迁移账本数据,实现逻辑与数据的分离。系统链码则负责实现系统层面上的处理,如通道配置、交易验证处理等。

7.1.3 企业以太坊

企业以太坊联盟(Enterprise Ethereum Alliance,EEA)是 2017 年成立的一个基于以太坊的区块链联盟,联盟成员包括摩根大通、英特尔、埃森哲等多个区块链、互联网、金融科技行业的企业。企业以太坊联盟的成立初衷是面向企业用例,基于以太坊合作开发全球性企业级标准,使得区块链技术在未来能更好地应用在企业的场景中。

与传统的以太坊相比,企业以太坊(Enterprise Ethereum)是针对企业用途的优化版以太坊,更加注重企业在隐私保护、权限管理、灵活配置、处理性能上的需求,长远目标是发展为模块化的区块链平台,可动态地迎合所有用例、公链或者私有链的要求。

其中,由美国摩根大通公司推出的 Quorum 是企业以太坊平台之一。Quorum 引入了两种交易的概念:公有交易和私有交易,私有交易可以只允许指定成员访问,提供交易和合约私有化的功能。Quorum 采用了基于投票的共识机制代替以太坊原有的工作量证明机制,具有更高的出块效率,还增加了网络节点的权限管理功能,控制节点在 P2P 网络层可以和哪些节点进行通信。总体而言,Quorum 作为一种企业以太坊平台,为高吞吐处理、支持交易和合约的隐私性提供了一种解决方案。

除此之外,许多没有加入企业以太坊联盟的公司,在开发自己的联盟链底层平台时,也纷纷集成以太坊虚拟机作为其智能合约的运行环境,以提升区块链产品的易用性。

◆ 7.2　供应链金融

7.2.1　应用背景

在常见的供应链链条中,由于货物生产时间、运输时间、零售时间的不同,供应链上下游的各方往往存在一定的账款赊欠,而在供应链中处于弱势的中小企业往往成为被赊欠方,导致其现金流较为紧张,需要依据应收账款向金融机构融资,但在其进行融资时存在以下问题。

1. 融资成本高

金融信贷的利率往往跟借款人的风险评估挂钩,而银行对企业融资风险的评估,则需要依据企业本身的业务数据。而对需要融资的中小企业来说,其提供的业务数据往往难以获得银行信任。银行出于风险控制考虑,通常向其收取高额利率或拒绝授信。因此,供应链中的中小企业面临融资成本高、融资难的问题。

2. 监管难

中小企业的融资难问题催生了许多"影子银行",即为中小企业提供在大型商业银行中无法得到的授信服务的金融机构。这些机构的风控、授信过程存在较大的不确定性,为政府的金融监管带来较大的困难。

7.2.2　应用案例

基于区块链的供应链金融应用中,通过将供应链上的每一笔交易和应收账款单据上链,同时引入第三方可信机构,例如银行、物流公司等,来确认这些信息,确保交易和单据的真实性,实现了物流、信息流、资金流的真实上链;同时,支持应收账款的转让、融资、清算等,让核心企业的信用可以传递到供应链的上下游企业,减小中小企业的融资难度,同时解决了机构的监管问题。

目前,已有多地、多家机构上线了基于区块链的供应链金融平台。如图 7.1 所示为常见的区块链供应链金融应用示意图,该联盟链由核心企业、中间供应商、金融机构组成,结合区块链技术与传统金融风控技术,能大大缩短企业的融资时间、降低融资成本,由核心企业进行应收账款的确认,由中间供应商对自身的应收账款进行拆分转让、保理融资请求,由金融机构提供风控和贷款。如果有特殊的业务安全和企业隐私需要,还可以采用硬件隐私保护技术,确保多方参与的安全性、隔离性。本质上看,这一供应链金融联盟,通过区块链打通了各个环节的数据孤岛,使得核心企业的信用能够通过区块链的可信记录传递给需要融资的中间供应商。

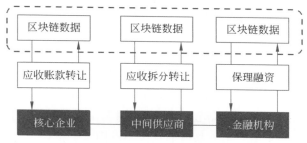

图 7.1　常见的区块链供应链金融应用

◇ 7.3　资 产 交 易

7.3.1　应用背景

随着信息化的发展,数字经济越来越受到社会关注,各类商品、文化艺术品、版权、知识产权、电子仓单等都可能成为数字资产,在特定交易所中交易,如期货交易、版权交易等。但是现有的数字资产交易存在以下痛点。

1. 交易所信息孤岛

当前的数字资产交易依赖单一交易所或机构,如果资产要在不同机构间流转,则涉及烦琐的对账过程,清算成本较高。

2. 资产确权难

数字资产的权属难以得到证明,资产确权效率较低;并且资产确权在不同机构间难以取得共识,难以定价。

3. 全过程监管难

政府机构对交易所往往采取备案制等进行管理,定期审查,信息不透明,对数字资产交易难以做到全流程实时监管。

7.3.2　应用案例

通过区块链进行数字资产交易,首先将链下资产登记上链,转换为区块链上的标准化数字资产,这样不仅能对交易进行存证,还能做到交易即结算,提高交易效率,降低机构间通信协作成本。监管机构加入联盟链中,可实时监控区块链上的数字资产交易,提升监管效率,在必要时进行可信的仲裁、追责。

从广义上说,数字资产既可以是公有链中的数字代币,也可以是联盟链中确权上链的数字资产,以下以公有链中的数字代币为例进行介绍。

ERC20 和 ERC721 是以太坊官方支持的智能合约规范，允许任何人在以太坊上发行代币，且具有较好的互操作性。其中，ERC20 是可分割的代币，也称为同质化代币，而 ERC721 是不可分割的代币，也称为非同质化代币。

在具体的实现中，第 6 章提到，Solidity 中同样的函数名及参数将被编译为同样的函数标识符，具有同样的调用接口。因此，只要合约采用了官方推荐的代币标准，该合约即可很好地被交易所、用户钱包软件等识别，且能够进行交易，因而具有较好的流通性。

如图 7.2 所示，不同加密货币交易所通过区块链同步一份代币交易的账本，即可实现不同代币在交易所间的流转。

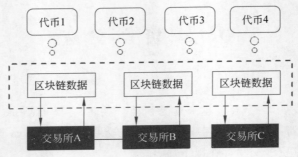

图 7.2　以太坊中的代币交易

对于联盟链，这种应用场景也同样存在，如多个企业间对客户积分的共享、互通，可在联盟区块链上对客户积分等服务权益进行对账核对，有效提升不同机构的对账效率，进而提升客户的用户体验。

◆ 7.4　司法存证

7.4.1　应用背景

在司法中，与传统司法证据相比，电子证据等的获取具有以下难点。

1. 取证成本高

当前司法取证依赖于具有司法机制的存证机构，具有取证周期长、费用高等特点。同时人力投入大，操作成本较高。

2. 取证难校验，公信力可能不足

由于电子证据本身易篡改、难溯源的特点，电子取证的权威性依赖于取证机构的资质与公信力，且取证后难以校验、追责。

7.4.2　应用案例

2018 年,我国公布了《最高人民法院关于互联网法院审理案件若干问题的规定》(以下简称《规定》)。《规定》第 11 条中明确规定：当事人提交的电子数据,通过电子签名、可信时间戳、哈希值校验、区块链等证据收集、固定和防篡改的技术手段或者通过电子取证存证平台认证,能够证明其真实性的,互联网法院应当确认。因此,区块链记录的电子证据可被认为是具有司法效力的证据,已有多个平台成功应用。

如图 7.3 所示为一种常见的司法链架构图,包括了法院、公证机关、司法鉴定机关、取证机构等,将司法证据的取证、固定、验证的全过程记录在多个权威机关共同维护的区块链系统中,提升证据的真实性、权威性,提高证据验证的效率。

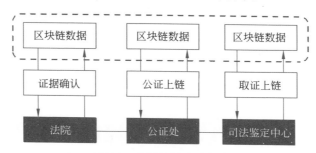

图 7.3　常见的司法链架构

1. 杭州互联网法院司法区块链

2018 年,杭州互联网法院司法区块链正式上线运行,其让电子数据的生成、存储、传播和使用的全流程可信。通过该司法区块链,能够解决互联网上电子数据全生命周期的生成、存储、传播、使用的全流程可信问题。该链的联盟方分别为杭州互联网法院、钱塘公证处、上海市计算机行业协会、司法鉴定中心等,通过多方权威节点的证据存储,提升电子证据的权威性,同时做到电子证据的时间可信、环境可信、机器可信,以及全流程真实可信。

2. 北京互联网法院天平链

北京互联网法院联合北京市高级人民法院、司法鉴定中心、公证处等司法机构,以及行业组织、大型央企、大型金融机构、大型互联网平台等 19 家单位作为节点共同组建了天平链。天平链于 2018 年 9 月 9 日上线运行,当前参与联盟链共识的一级节点有北京市高级人民法院、北京互联网法院、北京市方圆公证处、北京中海义信司法鉴定所、北京市长安公证处、标新科技(北京)有限公司司法鉴定所、国家工业信息安全发展研究中心司法鉴定所、中国信息通信研究院、中央企业电子商务联盟、北京国创鼎诚司法鉴定所、北京市国信公证处。通过利用区块链技术特点以及制定应用接入技术和管理规范,天平链实现了电子证据的可信存证、高效验证,降低了当事人的维权成本,提升了法官采信电子证据的效率。目前,天平链已经吸引了来自技术服务、应用服务、知识产权、金融交易等 9 类 25 家应用单位的接入。

◇ 7.5 物 流 溯 源

7.5.1 应用背景

物流溯源、商品溯源等是社会商品正常流转的需要,然而当前溯源系统存在如下主要问题。

1. 信息存储中心化,造假成本低

当前溯源系统的信息存储往往是采用单一数据库进行存储,这样造成了造假一方可以对数据库进行篡改,从而达到增加、减少商品的目的。即使采用冗余的数据库备份等,造假者也可以通过对冗余数据库进行篡改等达到目的,也难以解决假数据鉴别的问题。

2. 多点生产记录对账效率低

当前溯源系统中,当商品从一点递送到另一点(如厂家到快递方)时,双方均有各自的生产记录(如厂家生产记录、快递方投递记录)等,这些记录需要进行对账、分别录入等操作,溯源信息出现错误的时候需要进行大量人工追溯,效率较低。

7.5.2 应用案例

通过区块链的方式,可以将商品的物流过程记录到多个参与方维护的区块链上,保证溯源信息存储的安全性,并且通过区块链提升各个物流参与方的对账效率。

目前,已有多家机构建立了基于区块链的物流溯源平台。如图 7.4 所示为基于区块链的物流溯源系统示意图,这一溯源联盟链中,将生产商、渠道商、零售商中,关于商品的原材料过程、生产过程、流通过程、营销等过程的信息,写到区块链上,进行数据协同。消费者或者监管部门可以从区块链上查阅和验证商品流转的全过程信息,从而实现精细到一物一码的全流程正品追溯。此外,区块链还可以结合物联网、防伪标签等技术手段,通过防伪标签或者芯片等手段对商品进行唯一标识。以此,借助区块链技术,实现品牌商、渠道商、零售商、消费者、监管部门、第三方检测机构之间的数据协同,提升对账效率,增强商品溯源的权威性。

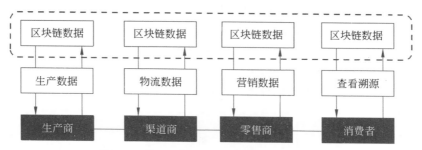

图 7.4　基于区块链的物流溯源系统示意图

◇ 7.6　票据流通

7.6.1　应用背景

票据,如发票、承兑汇票等,流通于不同企事业机构的业务协作中。这些带有金融属性的票据是业务协作的必要条件,存在以下痛点。

1. 易篡改、伪造、复制

电子或纸质票据在开票、流通、清算的过程中,票据的可靠性往往取决于开票机构的权威性,且存在一定的被篡改可能。同时,票据还容易被复制,使得票据流通单位的利益受到侵害,如纸质发票流通过程中存在的重复报销问题。

2. 校验成本高

正因为票据在流通中易被篡改,需要机构在对账时付出较大的人力、物力进行票据的核对,也提高了票据的防伪成本。

3. 流通过程难以监管

监管机构为了监管票据的流通过程,往往也要付出较大的人力成本,即使是电子票据,由于各个机构信息系统的差异,也难以完成统一的流通和监管。

7.6.2　应用案例

区块链让不同机构间的票据流通,可以增强票据的安全性,且提升票据的流通性,降低票据流通过程中的开票、结算成本,提升业务的自动化水平。监管机构作为监管节点加入区块链网络中后,可以监管票据的所有流通环节,提升监管效率。

目前,已有多地、多机构启用了基于区块链的票据流通平台。2018 年,国家税务总局授权深圳市税务局试行区块链电子发票。区块链电子发票具有全流程完整追溯、信息不可篡改等特性,能够有效规避假发票,完善发票监管流程。区块链电子发票连接每一个发票干系人，可以追溯发票的来源、真伪和入账等信息，解决发票流转过程中一票多报、虚报虚抵、真假难验等难题，还具有降低成本、简化流程、保障数据安全和隐私的优势。

如图 7.5 所示，采用区块链电子发票，经营者可以在区块链上实现发票申领、开具、查验、入账；消费者可以实现链上存储、流转、报销；而对税务监管方的税务局而言，则可以达到全流程监管的目的，实现无纸化智能税务管理。

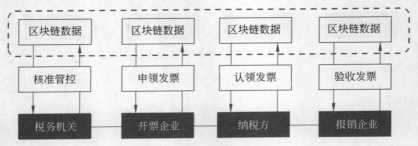

图 7.5　区块链电子发票架构图

◇ 7.7　课　后　题

一、选择题

1. 在我国，现阶段区块链与金融行业结合主要采用的是（　　）。

　　A. 比特币　　　　B. 公有链　　　　C. 联盟链　　　　D. 私有链

2. Fabric 链属于（　　）。

　　A. 联盟链　　　　B. 公有链　　　　C. 私有链　　　　D. 以上都不是

3. 以下（　　）不是使用区块链进行商品溯源的优势。

　　A. 商品信息全程实时溯源　　　　　　B. 商品信息不可篡改

　　C. 降低物流成本　　　　　　　　　　D. 降低存储消耗

4. Hyperledger Fabric 的特点不包括（　　）。

　　A. 支持万级节点　　　　　　　　　　B. 引入权限管理

　　C. 是私有的而且是被许可的　　　　　D. 提供了创建通道的能力

5. （　　）不是区块链的典型应用场景。

　　A. 供应链金融　　B. 即时通信　　C. 物流溯源　　D. 司法存证

二、简答题

1. 公有链与联盟链应用的主要区别是什么？

2. 区块链对于司法存证的作用是什么？

3. 什么是 ERC20 和 ERC721？

4. 常见的联盟链系统有哪些？

5. 设计一个适用于身边现实生活的区块链应用。

参 考 文 献

[1] Nakamoto Satoshi. Bitcoin: A Peer-to-Peer Electronic Cash System. https://bitcoin. org/bitcoin. pdf, 2008.

[2] Nick Szabo. Smart Contracts: Building Blocks for Digital Markets. EXTROPY: The Journal of Transhumanist Thought, 1996.

[3] Gregory Bolcer, Michael Gorlick, Arthur S. Hitomi, et al. Peer-to-Peer Architectures and the Magi Open Source Infrastructure. Endeavors technologies Inc, 2000.

[4] David Barkai. Peer-to-Peer Computing: Technologies for Sharing and Collaborating on the Net. Intel Press, 2001.

[5] Andreas M. Antonopoulos. Mastering Bitcoin: Unlocking Digital Cryptocurrencies. O'Reilly Media Inc, 2014.

[6] Maria Apostolaki, Aviv Zohar, Laurent Vanbever. Hijacking Bitcoin: Routing Attacks on Cryptocurrencies. IEEE Symposium on Security and Privacy(SP), 2017.

[7] Ethan Heilman, Alison Kendler, Aviv Zohar, et al. Eclipse Attacks on Bitcoin's Peer-to-Peer Network. 24th {USENIX} Security Symposium ({USENIX} Security 15), 2015.

[8] Yuval Marcus, Ethan Heilman, Sharon Goldberg. Low-Resource Eclipse Attacks on Ethereum's Peer-to-Peer Networ. IACR Cryptology ePrint Archive, 2018.

[9] Michael J. Fischer, Nancy A. Lynch, et al. Impossibility of Distributed Consensus with One Faulty Process. Journal of the ACM (JACM), 1985: 374-382.

[10] Lamport, Leslie, Robert Shostak, Marshall Pease. The Byzantine Generals Problem. Concurrency: the Works of Leslie Lamport, 2019.

[11] Danny Dolev, Raymond H. Strong. Polynomial Algorithms for Byzatine Agreement. 14th ACM Symposium on Theory of Computing. 1982, 401.

[12] Miguel Castro, Barbara Liskov. Practical Byzantine Fault Tolerance. OSDI, 1999, 99 (1999): 173-186.

[13] Vitalik Buterin, GriffithVirgil. Casper the Friendly Finality Gadget. arXiv preprint arXiv: 1710. 09437, 2017.

[14] Jiaping Wang, Hao Wang. Monoxide: Scale Out Blockchains with Asynchronous Consensus Zones. 16th {USENIX} Symposium on Networked Systems Design and Implementation ({NSDI} 19), 2019.

图书资源支持

感谢您一直以来对清华版图书的支持和爱护。为了配合本书的使用，本书提供配套的资源，有需求的读者请扫描下方的"书圈"微信公众号二维码，在图书专区下载，也可以拨打电话或发送电子邮件咨询。

如果您在使用本书的过程中遇到了什么问题，或者有相关图书出版计划，也请您发邮件告诉我们，以便我们更好地为您服务。

我们的联系方式：

清华大学出版社计算机与信息分社网站：https://www.SHUIMUSHUHUI.com/

地　　址：北京市海淀区双清路学研大厦 A 座 714

邮　　编：100084

电　　话：010-83470236　　010-83470237

客服邮箱：2301891038@qq.com

QQ：2301891038（请写明您的单位和姓名）

资源下载：关注公众号"书圈"下载配套资源。

资源下载、样书申请

书圈

图书案例

清华计算机学堂

观看课程直播